스노보드 초보, 야생의 눈을 달리다

눈을 만나다

스노보드 초보, 야생의 눈을 달리다 눈을 만나다

발행일 2017년 12월 15일

지은이 권 준 우
펴낸이 손 형 국
펴낸곳 (주)북랩
편집인 선일영 편집 이종무, 권혁신, 오경진, 최예은, 오세은
디자인 이현수, 김민하, 한수희, 김윤주 제작 박기성, 황동현, 구성우
일러스트 강승은
마케팅 김회란, 박진관, 김한결
출판등록 2004. 12. 1(제2012-000051호)
주소 서울시 금천구 가산디지털 1로 168, 우림라이온스밸리 B동 B113, 114호
홈페이지 www.book.co.kr
전화번호 (02)2026-5777 팩스 (02)2026-5747

ISBN 979-11-5987-877-0 03980(종이책) 979-11-5987-878-7 05980(전자책)

이 도서의 국립중앙도서관 출판예정도서목록(CIP)은 서지정보유통지원시스템 홈페이지(http://seoji.nl.go.kr)와 국가자료공동목록시스템(http://www.nl.go.kr/kolisnet)에서 이용하실 수 있습니다.
(CIP제어번호 : CIP 2017034061)

스노보드 초보, 야생의 눈을 달리다

눈을 만나다

권준우 지음

일본과 백두산 원정 20여 회의 블로거
권준우의 스노보딩 이야기

북랩book Lab

PROLOGUE

백두산에서 스노보드를?

백두산 국제 천연 스키장

스노모빌은 굉음을 내며 거침없이 달렸다. 엉덩이를 들썩이게 하는 진동에 혹시나 떨어지지는 않을까 걱정이 되기도 했지만, 백두산의 차가운 바람을 맞다 보니 이내 두려움은 사라지고 가벼운 흥분으로 가슴이 두근대기 시작했다. 한참 동안 달린 스노모빌은 어딘지 모를 곳에 멈춰 섰다. 온통 하얀 눈 위에 검은 바위가 듬성듬성 튀어나와 있었다. 영하 20도를 넘나드는 강추위에 장갑이 얼어 꾸덕꾸덕해졌다. 위를 올려다보니 이미 정상에 오른 사람들이 삼삼오오 모여 기념사진을 찍고 있었다. 안개 때문에 시야가 흐렸다. 가파른 경사 길을 천천히 올랐다. 바로 십여 미터 앞에, 백두산 천지가 있었다.

정상에 오른 나는 황망함에 잠시 말을 잊었다. 하얀 입김만이 내 마음처럼 갈 곳을 잃고 흩어졌다. 그렇게도 보고 싶었던, 민족의 영산 백두산 천지는 안개에 가려 아무것도 보이지 않았다. 고글을 벗고 눈을 부릅떠도 소용이 없었다.

보고 싶었다. 정말 보고 싶었다. 하지만 볼 수가 없었다.

'천지를 못 봤다 해서 여기가 백두산 정상이라는 사실이 달라지는 건 아니야'라며 서로를 위로했다. 아쉬움을 달래지 못해 한참 동안 천지 앞 절벽에서 서성였다. 시간이 지나 해가 구름에서 나오면 보이지 않을까. 바람이 불어 안개를 멀리 몰아가지 않을까. 더 기다리고 싶었지만, 손가락이 빠져나갈 것 같은 추위에 지체할 수가 없었다. 스마트폰은 배터리가 얼어 전원이 나간 지 오래였다. 이대로 머무르는 것이 불가능하다는 판단하에 우리는 천천히 정상에서 내려왔다. 아쉬움에 몇 번이나 뒤를 돌아봤다.

장비를 점검하고 스노보드와 스키를 신은 일행은 하나둘씩 출발했다. 뒤늦게 내려온 나도 얼른 스노보드 바인딩을 체결하고 그들을 따라갔다. 그런데 뭔가 좀 이상했다. 스노보드가 휘청거리는 느낌이었다. 불안함에 멈춰 서서 아래를 내려다봤다. 부츠 끈이 덜렁거렸다. 그제야 출발 전에 끈을 조이지 않았던 것이 생각났다. 천지를 보게 된다는 흥분 때문에 부츠 끈을 묶는 것을 깜빡했는데, 백두산의 혹한에 부츠가 꽝꽝 얼어 단단해지니 마치 묶었던 것처럼 착각한 것이다. 화급히 주저앉아 스노보드 바인딩을 푸는데 사람들이 저 멀리 사라졌다. 부츠 내피를 조일 틈이 없어 외피 끈만 조였으나 그마저도 얼어붙어 쉽지 않았다. 벌떡 일어나 사람들을 쫓아가려고 했으나 이미 어디로 갔는지 보이지 않았다.

이왕 사람들을 놓친 김에 나는 눈 위에 앉아 숨을 골랐다. 아무도 보이지 않는 설원. 수목한계선을 넘어 나무조차 보기 힘든 이곳에 나 혼자 앉아있었다. 눈을 한 움큼 집어 손바닥에 펼쳐봤다. 백두산의 눈이다. 나는 지금, 야생의 백두산에서 스노보드를 타고 있는 것이다.

일순간 내가 속해있는 공간이 비현실적으로 느껴졌다. 내가 백두산에서 스노보드를 타고 있다고? 몇 년 전만 해도 나는 스노보드를 전혀 타지 못했다. 추위를 끔찍이 싫어했고 눈은 하늘에서 내리는 하얀 똥일 뿐이었다. 그런데 내가, 다른 곳도 아닌 민족의 영산 백두산에서, 그것도 슬로프가 아닌 야생의 눈을 타고 있다니.

도대체 내게 어떤 일이 있었던 걸까.

WELCOME

131
126
105
114
120
122
103
長橋中学校

CONTENTS

II. 눈은 일탈이다

III. 눈에서 만나다

부록. 눈을 찾아 떠나자

I. 눈을 만나다
snowboarders
on top mountain

이불 속에서 귤을 까먹다가

자취방

나는 눈을 싫어했다. 내게 눈이란 출근길에 도로가 막히게 하는 주범이요, 녹아서 질척대는 진흙길을 만드는 골칫거리일 뿐이었다. 추위도 마찬가지였다. 바람 불고 추운 날이면 집에 틀어박혀 나가지 않았다.

그날도 마찬가지였다. 초겨울 날씨는 쌀쌀했고 나는 전기장판을 켠 따땃한 침대 위에 누워 이불을 덮고 몸을 반쯤만 내놓은 채 귤을 까먹고 있었다. 몸은 노곤했고 눈꺼풀은 점점 무거워졌다. 할 일 없는 주말이기에 낮잠이나 잘까 했다.

딱히 볼 것이 있어 TV를 틀었던 건 아니었다. 스키장 개장에 맞춰 겨울스포츠를 즐기러 온 사람들이 인터뷰를 하고 있었다. 핑크색 비니를 쓴 귀여운 아가씨가 '스노보드 처음 타는데 정말 재미있어요!'라며 까르르 웃는 것을, 귤의 하얀 실 같은 부분을 떼어내며 무념무상의 상태로 바라봤다. 껍질을 깐 귤을 반으로 쪼개 한 덩이를 입에 던져 넣고 우물우물 씹었다. 아이가 스키를 타는 장면이 나왔다. 다리를 한껏 벌려 A자로 만든 남자아이가 기우뚱기우

뚱 초급자 슬로프를 내려왔다. 아빠는 슬로프 하단에서 기다리고 있었다. 꼬마가 함께 스키를 타고 싶다고 하자 아빠는 난감해했다. 스키를 타지 못하는 그는 아이가 내려올 때까지 우두커니 서서 기다릴 수밖에 없었다.

뭔가 불편했다. 그때 내가 느낀 감정은 불편함이었다. 나는 미혼이었고, 스키장에 간다 해도 아래에서 기다려야 할 아이가 없었다. 하지만 TV 속 꼬마가 했던 말이 자꾸 내 마음을 불편하게 했다. 만약 나중에 내가 결혼을 해서 애를 낳았는데, 그 아이가 나와 함께 스키나 스노보드를 타고 싶다고 하면?

귤이 사레가 걸려 쿨럭거리다 휴지를 찾아 일어났다. 겨우 진정을 하고 입가를 닦은 후, 이불 속으로 들어가지 않고 컴퓨터 앞에 앉았다. 스키와 스노보드를 강습해주는 곳이 있는지 검색을 시작했다. 거창한 시작은 아니었다. 그래, 뭐, 배워둬서 나쁠 건 없겠지. 이런 아주 가벼운 마음이었다.

스키 강습을 하는 곳은 많았지만, 비용이 만만치 않았다. 유유상종이요, 초록동색이라고 내 주변에는 겨울스포츠를 좋아하는 이가 없었다. 검색을 계속하다 스노보드 강습 카페를 하나 찾았다. 일정 비용을 내면 스키장까지 버스도 태워주고 렌탈도 해주고 강습도 해주는 일종의 기업형 카페였다. 무엇보다도 저렴한 가격이 마음에 들었다. 떡 본 김에 제사 지낸다고 바로 등록을 했다. 그날의 클릭 하나가, 귤을 까먹다 이불에서 일어난 그 순간이, 내 인생의 전환점이 되리라고는 미처 깨닫지 못했다.

난 왼손잡이야

용평 스키장

스노보드를 처음 신어본 사람이면 공통으로 느끼는 것이 바로 "어떻게 일어나?"일 것이다. 도무지 일어날 수가 없다. 양발이 스노보드에 붙어있을 뿐인데 아무리 낑낑거려도 못 일어난다. 최대한 발을 엉덩이 쪽으로 잡아당기고 몸을 앞으로 숙여 무게중심을 이동해 일어나야 하는데, 몇 번 하다 보면 쉽지만, 처음에는 정말 '일어나지 못해' 버둥거리는 사람이 태반이다. 나도 마찬가지였다.

그 이후로는 엉덩방아와 무릎 찍기의 연속이다. '힐 사이드 슬리핑'이라 불리는, 기마자세를 하고 천천히 슬로프를 미끄러져 내려오는 것이 스노보드의 가장 기본인데, 중심을 잡는 게 쉽지 않았다. 조금만 자세가 흐트러져도 뒤로 주저앉아 엉덩방아를 찧거나 앞으로 고꾸라져 무릎을 찍고 나뒹구는 굴욕의 장면을 연출해냈다. 나는 다행히 미리 정보를 구해 무릎 보호대와 엉덩이 보호대를 준비해갔지만, 그렇지 못한 사람들은 무릎에 피멍이 가실 날이 없었다.

수도 없이 넘어지면서 저주받은 육신을 탓하기도 했지만, 반나절이 지나자 어떻게든 넘어지지 않고 비틀비틀 내려올 수 있었다. 몇 번의 강습을 더 받았다. 펜줄럼(pendullum)과 사활강(traverse)을 배웠는데, 펜줄럼은 흔히 '낙엽'이라 부르는, 스노보드를 타고 왼쪽으로 갔다가 다시 오른쪽으로 갔다가 낙엽이 떨어지듯 내려오는 것이었다. 그다음 과정이 비기너 턴(beginner turn)인데, 왼쪽 방향을 앞으로 해서 S자를 그리며 내려오는 것을 뜻했다. 스노보드 라이딩의 가장 결정적인 순간이 바로 낙엽만 타다가 끝나는지, 턴으로 넘어가는지였다. 낙엽만 타서는 속도를 낼 수도 없어 재미가 없다. 턴을 배워야 비로소 진정한 스노보드 인생이 시작되는 것인데, 턴을 배우지 못해 포기하는 사람이 대부분이었다.

나 또한 그랬다. 펜줄럼과 사활강까지는 어떻게든 따라갔는데, 도저히 턴을 할 수가 없었다. 턴만 하려고 하면 몸이 뒤로 빠지면서 중심을 잃고 쓰러졌다. 일명 '오지 마' 자세였다. 함께 강습을 받기 시작한 친구들은 모두 턴을 하기 시작했는데 나만 엉망이었다. 도대체 뭐가 문제일까. 신이 나를 만들 때 운동신경을 넣는 걸 깜박한 걸까. 몇 번의 강습을 더 받아도 턴이 제대로 되지 않자 조바심이 생겼다. 운동신경이 부족하다면 연습량으로 극복해야겠다는 생각에 야간까지 스노보드를 탔다. 턴을 하다 넘어지고, 넘어지고, 또 넘어지다가, 결국 자포자기의 마음으로 스키장에 드러누웠다. 까만 하늘이 마치 내 스노보드 앞날처럼 느껴졌다.

그냥 포기할까.

그때 번쩍 생각이 드는 게 있었다. 벌떡 일어나 스노보드를 내려다봤다. 곰곰이 생각해보니 나는 왼손 방향으로 가는 것보다 오른손 방향으로 가는 게 더 편했던 것 같았다. 혹시 내가 구피였던 건 아닐까?

스노보드를 탈 때 왼발을 앞에 두고 타는 것을 레귤러라 하고, 오른발을 앞으로 두고 타는 것을 구피라고 부른다. 왼손잡이와 오른손잡이가 있는 것과 마찬가지다. 나는 당연히 레귤러일 것이라 생각했는데, 혹시 내가 구피여서 턴을 못하는 게 아닌가 싶었다. 숙소로 돌아온 나는 바인딩을 풀어 구피로 세팅했다. 다음날 아침, 드디어 턴을 성공했다. 나는 구피였던 것이다.

오른발을 앞으로 내놓고 타는 구피는 불편한 점이 많다. 시야의 방향이 달라 다른 스노보더와 부딪히기도 쉽고, 렌탈을 하면 바인딩을 풀어 구피로 다시 세팅을 해야 하고, 사활강을 할 때나 줄지어 이동할 때에도 레귤러와 다른 미묘한 차이를 느끼게 된다. 덕분에 나는 왼손잡이의 불편함을 간접적으로 경험하고 있다. 하지만 어쩌겠는가. 내가 구피인데. 나는 여전히 구피 자세로도 재미있게 스노보드를 타고 있다.

바람 속에서 느끼는 자유

무주 덕유산리조트

실은 대학교 1학년 때, 동아리에서 스키장에 간 적이 있었다. 그때만 해도 스키가 상당히 고급 취미로 인식되던 때였다. 스키와 폴은 빌렸지만, 스키복을 빌릴 여유는 없었다. 무작정 가죽점퍼에 청바지를 입고 리프트에 올랐다. 간단한 설명을 듣고 곧바로 슬로프를 내려오는데, 아무리 A자를 만들어도 미끄러져 내려오는 것을 막을 수 없었다. 수없이 넘어지고 미끄러졌다.

초급 슬로프를 몇 번 내려온 후, 선배들의 부추김에 따라 중급 슬로프로 올라갔다. 겁 없는 초보들은 중급 슬로프를 A자로 처음부터 끝까지 턴도 안 하고 내려왔다. 이때만 해도 빠르게 내려오면 잘 타는 줄만 알았다. 부들부들거리는 A자 자세로 눈보라를 일으키며 내려오면서도, 우리는 그게 옳은 줄만 알았다. 물론 그 이후로 스키장에 간 적은 없었다. 직장인이 되기 전까지는 경제적으로도 쪼들렸고, 일단 스키가 왜 재미가 있는지 이해하지 못했기 때문이었다.

내가 스노보드를 타는 걸 아는 사람들은 가끔 이렇게 묻곤 했다.

"스노보드 타는 게 왜 재미있어요? 스피드 때문이에요?"

그것도 맞긴 하지만, 정답은 아니다. 왜냐하면 나는 스피드를 많이 즐기지 않기 때문이다. 오히려 나는 스노보드의 재미가 '컨트롤'에 있다고 생각한다. 속도가 빨라지는 급경사에서 속도를 줄일 수 있고, 속도가 안 나는 곳에서는 속도를 낼 수 있는 것이 재미있는 것이다. 무작정 빨리 내려간다고 해서 잘 타는 것도 아니라는 뜻이다.

다만 스피드가 스노보드 라이딩을 짜릿하게 해준다는 것은 의심할 여지가 없다. 스노보더라면 '바람을 가른다'라는 표현이 어떤 것인지 몸소 느껴본 바 있을 것이다. 그것은 정말 우연히 찾아왔다.

비기너 턴을 배웠다 해도 속도감을 만끽하기는 쉽지 않았다. 그러던 어느 날, 슬로프를 내려오는데 앞에 사람이 별로 없어서 활강에 가까운 자세로 내달렸다. 속도가 붙자 귓가를 스쳐가는 바람 소리가 비명처럼 흩날렸다. 바람을 가르며 달려가는 느낌에 일순 황홀해졌다. 내가 바람 속에 녹아있으며 그 안에서 세상과 동떨어진 존재였다. 나는 자유 그 자체였다.

짜릿함에 빠져 2년 정도 정말 신나게 스노보드를 탔다. 카페에서 알게 된 사람들과 함께 몰려다니며 전국의 스키장을 누볐고, 스노보드 실력은 점점 늘어 최상급자 코스도 어렵지 않게 내려올 수준이 됐다. 지치고 힘들었던 내 삶에 스노보드는 정말 한줄기 치유의 빛과도 같았다. 나는 지쳐있었다. 무엇에 지쳤느냐고 묻는다면 딱히 대답할 거리가 많지는 않지만, 굳이 말하자면 사는 것에 지쳐있었다. 어릴 때는 대학에 가기 위해 쉬지 않고 공부했고, 대학에서는 사회의 일부분이 될 자격을 얻기 위해 정신의 끈을 헐겁

게 할 여유가 없었다. 막상 직장을 갖고 나니 또 다른 피로가 나를 덮쳤다. 매일 반복되는 업무, 사람들과 어울리지 못하는 어색한 회식. 퇴근을 해 집에 돌아와 침대 위에 누우면 꼼짝하기도 싫었다. 침대와 내가 하나가 되고 어딘가로 깊게 침전되는 느낌. 무언가, 무엇이라도 하지 않으면 늪처럼 영원히 가라앉을 것 같은 그런 기분이었다. 스노보드는 그런 상처를 치유해줬다.

하지만 정말 거짓말처럼, 스노보드 3년 차가 되자 모든 것에 흥미를 잃었다.

마음을 치유해주리라 생각했던 스노보드도 효과가 없었다. 언젠가부터 슬로프 상단에서 아래를 내려다보면 가슴이 먹먹했다. 잔뜩 얼어버린 눈. 아무것도 없는 하얀 슬로프. 그리고 그 슬로프 밖으로 나가지 못하도록 단단하게 설치된 펜스. 사람들은 그 안에서 맹목적으로 달렸다. 만들어진 길 위에서 남들이 가라고 하는 대로 서로 경쟁하고 부딪히며 내려가는 그 모습은, 내가 지금까지 살아왔던 인생과 다름없었다. 가두리 양식장에서 살아가는, 그곳이 전부라고 믿고 살아가는 물고기였다. 가벼운 절망감에 나는 그 자리에 앉았다. 딱딱한 얼음 눈에서 한기가 전해졌다.

이제 그만 타야겠다.

나는 스노보드를 그만두었다.

한 장의 사진으로부터 떠나다

일본 야마가타 자오 스키장

무라카미 하루키가 쓴 『먼 북소리』란 책이 있다. 어느 날 아침 어디선가 북소리가 들려왔다. 아득히 먼 곳에서 울려오는 소리를 듣는 동안, 그는 왠지 여행을 떠나야만 할 것 같은 생각이 들었다. 그리고 그는 3년간 유럽으로 긴 여행을 떠났다.

그가 여행을 떠나게 된 이유가 먼 북소리였다면, 내가 여행을 떠나게 된 이유는 사진 한 장이었다.

스키나 스노보드를 타는 사람은 알 것이다. 처음 스키장에 발을 디뎠을 때의 설렘을. 처음에는 초급자 슬로프를 넘어지지 않고 내려오는 것만으로도 감지덕지했다. 처음 턴을 배웠을 때의 희열을 잊을 수 없다. 활강을 할 때 귀를 때리는 강렬한 바람 소리. 그때마다 내가 살아있다는 것을 깨닫곤 했다.

중급자 슬로프를 타다 보면 상급자 슬로프를 내려오는 사람들이 부러웠다. 열심히 연습을 하다 보니 어느새 상급자 슬로프도 어렵지 않게 탈 수 있게 되었다. 두려울 게 없었다. 마치 고수가 된 것처럼 뻐기고 다녔다. 하지만 재미는 점점 사라져갔다. 정복할 것이 없으니 무기력하기만 했다. 친구들은 그라운드 트릭을 연습하기 시작했다. 하지만 나는 별 흥미를 느끼지 못했다. 스노보드 3년 차, 이제 싫증이 났다.

“스노보드 이제 그만 탈까 봐요. 재미도 없고.”

너무나 빠르게 다가온 불감증. 나의 말에 지인이 이렇게 말했다.

“일본스키장에 한 번 가보지그래?”

“전에 한 번 가봤는데 별로였어요.”

“언제?”

“스노보드 배운 첫 시즌에요.”

“잘 타지도 못할 때였네. 어디에 갔는데?”

“나가노 도가쿠시 스키장이요.”

그는 고개를 갸웃했다. 유명한 일본스키장은 다 아는데, 도가쿠시 스키장은 처음 들어본단다. 일본에는 스키장이 700개가 넘기 때문에 작은 스키장은 모를 수도 있다고 했다. 도가쿠시 스키장은 스노보드를 배웠던 첫해에 동호회에서 단체로 다녀왔던 곳인데, 그때만 해도 실력이 좋지 못해 제대로 즐기지 못했다.

“형이 다녀온 데는 어딘데요? 어디가 그렇게 좋았어요?”

“나야 여러 군데 다녀봤지. 나가노 시가 고원도 참 좋았어. 거기는 21개의 스키장이 모여 있거든. 하쿠바도 멋지지. 하지만 내가 가장 좋아하는 곳은 야마가타 자오야.”

“야마가타 자오?”

그는 내게 야마가타 자오 예찬론을 펼치기 시작했다. 하루에 모든 슬로프를 다 타기 힘들 정도로 넓고, 나무에 눈이 얼어붙어 마치 설인처럼 되어버린 스노 몬스터가 수천 개나 스키장을 메우고 있으며, 동네 냇물은 유황온천이라 마음만 먹으면 언제든지 노천탕을 즐길 수 있다는 그의 말에 나는 피식 웃었다. 뻥을 쳐도 유분수지, 그런 곳이 있을 리가 없잖아.

하지만 그가 인터넷을 검색해 찾아준 몇 장의 사진을 보고 심장이 두근거리기 시작했다. 거대한 눈사람 같은 스노 몬스터가 높은 산을 가득 메우고 있었다. 어두운 불빛 아래 온천의 김이 무럭무럭 솟아나는 사진도 있었다. 너무나 넓고 다양한 슬로프. 나는 어느새 일본스키 여행사를 검색하고 있었다.

일본스키장으로 여행을 떠나기 시작한 이유가 바로 그 사진이었다.

느리게 흐르다

일본 야마가타 자오 스키장

결국 나는 일본으로 가는 비행기에 몸을 싣고 말았다. 급작스럽게 결정된 여행이라 뭔가를 준비할 시간도 없었다. 달랑 슬로프 맵 하나만 인쇄했다.

센다이 공항에 도착해 송영 버스에 짐을 싣고 출발했다. 야마가타 자오가 가까워지면서 점점 눈이 쌓이더니 도로 주변에 눈의 벽이 만들어졌다. 넓은 밭이 온통 흰 눈에 갇혔다. 겨우 알아볼 수 있는 미세한 굴곡만이 이곳에 밭고랑과 이랑이 있었음을 짐작케 한다. 나무 위에도, 전신주에도 온통 눈이다. 뿌옇게 김이 서린 창을 손으로 슥슥 문질렀다.

버스는 야마가타 자오 버스 정류장에서 정차했고 운전수는 일본어로 뭐라뭐라 이야기를 하며 앞쪽 문을 열었다. 도착했다는 뜻일 것이다. 사람들은 저마다 스노보드와 스키를 찾아 분주히 움직였다. 여행 가방을 꺼내느라 굽혔던 허리를 펴고 고개를 드니 스키장의 일부가 눈에 들어왔다. 그저 하얗다. 나무가 온통 흰색이라 벚꽃구경을 온 것 같았다.

크게 숨을 들이마시자 꼬릿한 유황냄새가 나를 반겼다. 온 동네에 유황온천 냄새가 가득했다. 할아버지 한 분이 다가왔다. 내가 예약한 료칸(일본식 여관)에서 온 사람이라고 직감적으로 느꼈다. 무작정 숙소의 이름을 댔다.

"미야마소 다카미야 료칸?"

"하이!"

그는 웃으며 나를 맞았다. 뭐라 이야기를 하는데, 일본어를 전혀 모르니 알아들을 수가 없었다. 그가 몰고 온 작은 차에 짐을 실었다. 온천거리라 불리는 좁은 길을 따라 차를 타고 올라가는데, 뭔가 좀 이상했다. 유황 냄새가 사방에 진동하는 거야 온천지역이니까 그러려니 하지만, 길을 따라 이어진 시냇물에서 김이 무럭무럭 솟아오르는 게 아닌가. 게다가 바닥이 옅은 녹색으로 물들여져 있었다. 이런 게 바로 문화충격일까? 그 귀하다는 유황온천을 그냥 시냇물로 흘려버리고 있었다.

야마가타 자오는 온천이 풍부한 곳이라 누구나 길가에서 온천 족욕을 할 수 있도록 앉을 자리도 마련해놓았고, 마을에서 운영하는 온천 목욕탕도 있었다. 숙소인 미야마소 다카미야 료칸에서도 당연히 온천욕을 할 수 있었다. 스노보드를 타러 스키장에 가기 전에 이미 온천에 마음을 빼앗겼다.

다카미야 료칸은 온천거리 맨 끝, 가장 위쪽에 자리 잡고 있었다. 당시만 해도 외국인이 야마가타 자오를 찾는 일은 많지 않았기에 자오 마을에서는 한국어는커녕 영어도 잘 통하지 않았다. 다행히 매니저가 영어를 할 줄 알아 체크인이 어렵지는 않았다. 좌식 식탁 위에는 차를 마실 수 있도록 다기세트와 보온병이 놓여 있었고, 한쪽에는 작은 TV가 있었다. 창문을 열었다. 차가운 공기가 훅 밀려들었다. 다닥다닥 모여 있는 가옥의 지붕에는 눈이 30센티 정도 쌓였다. 한 남자가 사다리를 타고 올라가 지붕 위에서 삽으로 눈을 치우고 있었다. 짐을 풀고 마을 구경이나 할 요량으로 료칸을 나섰다.

야마가타 자오는 말 그대로 조용한 시골마을이었다. 천천히 온천거리의 골목길을 걸었다. 국제적으로 유명한 온천과 스키장이 있는 마을이라고 하기에는 너무나 조용했고 지나가는 사람도 장화를 신은 평범한 마을 주민들이었다. 잎이 떨어진 나무에는 고드름이 달렸다. 긴 것은 일 미터가 넘었다. 고드름 하나를 따 뚝 부러뜨렸다.

골목길을 더 걸어 들어가니 조그만 다리가 나왔다. 밑에 흐르는 시냇물도 역시 온천수다. 흰 눈이 쌓여있는 돌들 사이로 더운 김을 풍기며 흐르는 시냇물을 말없이 바라봤다. 어쩐지 시간이 느리게 흐르는 것 같았다. 나의 시간은 항상 빠르게 지나갔다. 앞서나가고 싶은 마음 때문이었지만 종국에는 남들이 가는 길의 시간과 방향에 맞추기 위해 안간힘을 쓸 뿐이었다. 어디로 가는지도 모른 채 쉬지 않고 나아갔다. 내겐 휴식이 필요했다. 하지만 쉴 수가 없었다. 남들의 걸음에 발을 맞추지 못하는 게 무서웠다. 늦었다는 현실보다 늦을까 봐 조바심 나는 게 무서웠고, 뒤처지는 것보다 뒤처지는 것을 인지하는 그 자체가 두려웠다. 왜 그랬을까. 나는 느리게 걷는 것을 왜 그리 겁냈을까. 조금 늦는다고 큰일이 나는 것도 아니었는데.

도로를 따라 여기저기를 구경하다 돌아섰다. 달짝지근한 간장 냄새가 났다. 기념품점 앞의 노상에서 뭔가 냄비에 넣고 끓이는 중이었다. 야마가타 자오의 명물인 구슬 곤약이었다. 구슬처럼 생긴 곤약 세 개를 꼬치에 꿰어 팔았다. 날씨가 추워 뜨끈한 것이 생각나던 차였다. 100엔을 주고 꼬치 하나를 샀다. 겨자소스를 발라 먹으니 쫄깃한 곤약에 간장향이 깊게 배어있었다. 곤약을 우물거리며 료칸으로 돌아왔다.

商店

눈꽃에 취하다

일본 야마가타 자오 스키장

다음날, 스키장에 도착해 리프트를 탔다. 그런데 이 리프트, 너무 불친절하다. 일반적인 리프트는 탑승하는 자리에서는 느리게 움직이다가 사람이 타고 나면 그때부터 빠르게 올라가는데, 이 리프트는 구식이라 그런지 올라가는 속도 그대로 사람을 낚아채갔다. 리프트가 무릎 뒤쪽을 푹 찍으며 달려들고, 나도 모르게 무릎이 접히면서 리프트에 털썩 주저앉는다. 터프한 리프트다.

리프트를 타고 올라가는데 뭔가 좀 허전했다. 안전바가 없다. 국내 스키장 리프트에는 항상 안전바가 있었고, 안전요원들은 리프트에 타면 안전바를 내려달라고 소리치곤 했는데 여기엔 안전바 자체가 없었다. 이러다 리프트가 갑자기 멈추기라도 하면 관성에 의해서 앞으로 고꾸라져 떨어지는 건 아닐까? 두려움에 나도 모르게 리프트 난간을 꽉 움켜쥐었다.

우여곡절 끝에 도착한 츄오 슬로프에서 그만 말문이 막히고 말았다. 리프트 양쪽에 눈꽃이 너무나 아름답게 피었다. 손을 내밀면 닿을 정도였다. 새하얀 눈꽃이 리프트를 타고 가는 내내 나를 반겼다. 생전 처음 느껴보는 아름다움이었다.

리프트에서 내려 스노보드를 신고 슬로프를 내려가기 시작했다. 나무 사이로 펼쳐진 오솔길 같은 슬로프를 여유롭게 내려올 수 있었다. 사람도 없다. 이 슬로프가 오로지 나를 위해서 존재하는 것 같았다. 발목까지 차오르는 파우더의 부드러움은 상상 이상이었고 하늘에서 내려온 뽀송뽀송한 눈이 세상을 새하얗게 덮고 있었다.

슬로프를 달리다가 장난기가 발동해 슬로프 밖으로 슬쩍 나가봤다. 얼마 가지 못해 스노보드가 멈춰 섰고, 스르르 가라앉았다. 정설이 전혀 되지 않은 깊은 눈이라 가라앉는 것이다. 어쩔 수 없이 주저앉아 스노보드를 풀었다. 다리가 쑥 들어갔다. 무릎까지 푹푹 박히는 눈이었다. 보드를 꽂아보니 쑥 박혔다. 나도 모르게 웃음이 터졌다. 왜 웃음이 나오는지 알 수 없었지만, 나는 한참 동안이나 웃을 수밖에 없었다.

츄오 슬로프의 눈꽃에 빠져 그곳에서만 한참 놀다가, 정상에 가봐야겠다는 생각에 스노보드를 들고 로프웨이로 향했다. 지조산 정상은 안개로 시야가 좋지 못했다. 조금 걸어가니 불상이 하나 보였다. 가슴 위만 보이는 특이한 불상이었다. 알고 보니 멀쩡히 서 있는 불상인데, 눈이 너무 많이 쌓여서 가슴까지 묻혀버린 것이었다. 정말 대단한 적설량이다. 같은 야마가타 현에 있는 갓산 스키장은 적설량이 10미터가 넘기 때문에 리프트가 눈에 파묻혀버린다. 그런 부득이한 사정으로 겨울에는 스키장 운영을 하지 못하고, 눈이 멈추는 4월경에 파묻힌 리프트를 파내고 스키장을 운영한다고 한다.

정상에서 사방을 둘러보니 거대한 눈덩이들이 눈에 들어왔다. 수빙이다. 나무에 과냉각된 물방울과 눈이 엉겨 붙으면서 마치 커다란 눈덩어리처럼 보이는 현상인데, 설인(雪人)처럼 보인다 하여 스노 몬스터라고도 불린다. 날씨가 맑으면 수천 개의 스노 몬스터가 장관을 이루기도 한다.

오후 마감 시간이 다 되도록 신나게 달렸다. 다리가 후들거려 더 이상 스노보드를 탈 수 없을 때까지 미친 듯이 눈을 누볐다. 폭신한 눈이 슬로프마다 가득 쌓여있어서 넘어져도 아프지 않았다. 이리저리 장난을 치다 슬로프 바깥에 처박혀도 새하얀 눈이 나를 감싸주니 웃음만 나왔다.

아무래도 취했던 모양이다. 아름다운 설경에, 신기한 수빙에, 새하얀 눈꽃에 취했던가 보다.

56
BURTON

BURTON

奉納

눈 내리는 노천탕

일본 야마가타 자오 스키장

스노보드를 타고 들어와 옷을 벗으니 땀 냄새가 진동을 했다. 스노보드도 스키도 에너지를 많이 소비하는 운동이다. 온몸의 근육은 힘들다고 아우성을 하고, 땀에 절어버린 몸을 어디선가 쉬게 해주고 싶을 때 가장 좋은 것은 바로 온천이 아닐까.

야마가타 자오 온천이 발견된 것은 지금으로부터 약 1,900년 전이라 한다. 서기 110년에 한 일본 무사가 발견하였고, 그가 상처를 치료하기 위해 입욕했더니 바로 완쾌됐다는 전설이 있다. 생성되는 온천수의 양은 1분간 약 820리터, 하루 1,180톤이다. 이렇게 엄청난 양의 온천수가 뿜어져 나오니 개울에 흘려보낼 수밖에 없다. 온천수가 흐르는 길을 따라 형성된 온천거리는 야마가타 자오의 상징이었다.

자오의 료칸에는 대부분 온천탕이 있다. 내가 묵었던 미야마소 다카미야 료칸에는 양질의 유황온천수로 이루어진 노천탕이 있었다. 대충 몸을 씻고 노천탕에 몸을 담그니 온몸의 세포 하나하나가 풀어지고 늘어지는 것 같았다. 차가운 바람과 공기를 맞으며 진정한 자연을 느꼈다. 가슴까지 탕에 몸을 담그고 밖을 바라봤다.

일본에 와서 느낀 새로운 감각이 몇 가지 있는데, 그중 하나가 '조용하다'였다. 야마가타 자오 스키장이 워낙 시골스러운 곳이라 그런 것일 수도 있지만, 정말 조용했다. 노천탕에서 밖을 내다보면 지나가는 사람을 찾기가 어려웠다. 아무런 소리도 들리지 않는 적막함. 들리는 것이라고는 넘쳐 흘러가는 온천수 소리뿐.

뜨거운 탕에 들어가 노곤하게 잠이 오려는데, 하늘을 향해 젖혀 있는 내 얼굴에 무언가가 닿았다가 사라졌다. 무거운 눈꺼풀을 올려보니 하늘에서 눈송이 사락거리며 내려왔다. 눈은 온기로 인해 닿자마자 녹아버린다. 영하의 기온이지만 온천의 열기 때문에 춥지 않다. 오히려 시원하다고 느껴질 정도다. 몸은 뜨겁고 얼굴은 시원한데 하늘하늘 내려오는 눈송이들이 얼굴에 닿아 사라질 때의 그 기분은 말로 표현하기 힘들다.

마음이 치유되는, 그런 느낌이었다.

300년을 기다린 료칸

일본 야마가타 자오 스키장

저녁식사를 마치면 료칸에서는 할 일이 아무것도 없었다. TV에서는 알아듣지도 못할 일본어들이 쏟아져 나왔고 300년 역사를 자랑하는 료칸의 시설은 느린 시간을 걷는 듯했다. 1층의 휴게실에는 불이 꺼졌고 직원들은 대부분 퇴근해 적막했다. 무료함을 견디지 못해 어슬렁거리며 온천거리로 나와 주점을 찾았다. 영어를 할 줄 아는 사람도 만나기 힘들었다. 삐걱거리는 문을 열고 들어가면 할머니가 부스스한 얼굴로 나와 허리를 굽혔다. 일본어를 모르는 여행자와 영어를 모르는 할머니의 대화는 도무지 진전이 없었다. 결국 스미마셍이라는 말을 남기고 돌아 나올 수밖에 없었다.

겨우 영어가 한두 마디 통하는 이자카야를 발견했다. 자리에 앉아 주문을 하려고 보니 안에서 일을 돕고 있는 남자의 얼굴이 낯익다. 낮에 길을 물었던 이발소 청년이었다. 낮에는 이발사로 일하고 저녁이면 친구가 운영하는 이자카야에서 일손을 돕고 있다 했다. 작은 마을에서는 네 일 내 일을 나눌 수 없었나 보다. 익숙하지 않은 안주가 많았다. 타코와사비의 톡 쏘는 맛도 이곳에서 처음 알았다. 추천안주가 있기에 뭐냐고 물었더니 아가씨가 자기의 배를 어루만지며 "cow!"라고 말한다. 소의 배니까 우삼겹이라도 되나 보다 싶어 주문을 했더니 누런 국물의 무언가가 나왔다. 알고 보니 우삼겹이 아니라 소의 내장이었다. 비위가 약한 나는 맛만 보고 젓가락을 내려놓았다.

다음날은 '키와'라고 하는 이자카야에 들어갔다. 주방 쪽 바에는 각종 메뉴가 일본어로 적혀있고, 사케 술병이 가지런히 놓였다. 한쪽 벽에는 구식 TV가 있고 그 아래에 고양이 인형 마네키네코가 왼손을 들고 있었다. 오른손을 들고 있는 고양이는 돈을 부르고, 왼손을 들고 있는 고양이는 손님을 부른다고 한다. 문을 열고 들어가자 머리카락에 새치가 있고 콧수염을 짧게 기른 주인아저씨가 주방에서 얼굴을 내밀며 인사를 했다. 일본어를 할 줄 모르는 나는 떠듬떠듬 혹시 먹을 만한 안주를 추천해줄 수 있느냐고 영어로 물었고, 그는 고개를 갸웃하며 솥을 열어 보였다. 정체를 알 수 없는 안주들이었기에 선뜻 용기가 나지 않았다. 그가 냉장고에서 소고기를 꺼냈다. 저녁식사를 한 후라 배가 불렀지만 별다른 선택의 여지가 없었다. 신을 벗고 올라가니 그가 테이블에 불판을 준비했다. 소고기를 굽고 맥주를 마시며 주인아저씨와 가볍게 이야기를 했다. 젊을 적에 인근 호텔에서 매니저로 일한 적이 있단다. 그래서 간단한 영어 대화가 가능했다. 벽에는 한국 가수 리사가 남긴 사인이 있었고, 입구 문 위에 빛바랜 사진이 붙어있었다. 사별한 아내라 했다. 뭐라 답해야 할지 몰라 '부인께서 아름다우셨네요.'라고 말했다. 그는 희미하게 웃었다. 여행이라는 것이 사람의 긴장을 풀어지게 한 것일까. 고기가 익을 때마다 맥주 한 잔을 마셨고 어느새 밤이 깊어갔다.

자정이 가까운 시간이 되어 이자카야를 나서니 어김없이 하늘에서 눈이 쏟아졌다. 눈을 치우는 차량이 바닥의 눈을 퍼 올려 도로 한쪽으로 쏟아부었다. 이미 사람 키만큼 쌓인 눈은 점점 더 쌓여갈 것이 뻔했다. 후드를 뒤집어쓰고 주머니에 손을 넣은 채 온천수가 흐르는 개울 길을 따라 걸어 미야마소 다카미야 료칸에 다다랐다.

뜨거운 온천수는 차가운 밤바람을 만나 안개처럼 피어올랐고 낯선 목조건물을 따라 밝혀진 전구의 불빛은 뿌옇게 흐려진 시야를 따라 흔들렸다. 나는 한참이나 그 앞에 서서 료칸을 바라봤다. 여행의 묘미는 이국적인 풍경을 만끽하는 것이라던데, 미야마소 료칸의 밤은 이국적인 것을 넘어선, 이 세상이 아닌 것 같은 몽환적인 분위기였다. 수백 년 전에 누군가 이 온천에서 상처를 씻었을 테고, 누군가는 나무를 깎아 기둥을 세웠을 것이다. 그리고 료칸은 이 자리에서 긴 시간 동안 낯선 이들을 받아들였을 터였다. 삼백 년 전에도 누군가 나와 같은 곳에서 온천의 안개 사이로 떠오르는 달을 보았을 거라는 것에 생각이 미치자 풍경은 더욱 낯설어졌다. 나는 천천히 계단을 올랐다. 세상의 걱정들을 다 잊고, 어딘가 다른 곳으로 이어지는 길을 걷는 느낌이었다. 안개 속에서, 내가 점점 사라져갔다.

上湯共同浴場

thank you
BEST!!
2.20

貴和

무지개와 함께 스노보드를

일본 이와테 앗피 스키장

3월 초의 이와테 현에는 이미 봄바람이 불었다. 일본의 스키장은 5월까지 운영하니, 3월이면 아직 청춘이라는 착각 탓이었을까. 이와테 앗피 스키장으로 가는 길목에 있는 휴게소 지붕에서 눈 녹은 물이 줄줄 흘렀다. 앗피의 날씨는 어떤가요? 내 질문에 직원은 난처한 표정을 지었다.

"요즘 예년과 다르게 기온이 너무 높아져서 걱정이에요. 최근에는 눈도 거의 오지 않았고 날씨가 더워서 슬로프도 많이 녹은 상태고요."

그때만 해도 순진하게 일본은 매일 눈이 내리는 곳인 줄로만 알았다. 어쩌면 나는 일본의 스키장에 조금은 왜곡된 환상을 가지고 있었던 것인지도 모른다. 앗피 스키장은 아스피린 가루처럼 작은 입자의 눈이 내린다 하여 '아스피린 스노'로 유명한 곳인데, 날이 따뜻하니 불길한 예감이 들었다. 그 멋진 설질을 만끽하지 못할까 봐 조바심이 났다.

리조트에 도착해 짐을 풀고, 설질 확인도 할 겸 해서 슬로프로 나섰다. 역시 예상대로 눈의 상태는 참담했다. 높은 기온에 녹아버린 습설이었다. 비행기까지 타고 왔는데 슬러시같은 설질이라니. 한숨만 나왔다. 하지만 낙심하지 않기로 했다. 일기예보에서는 내일 눈이 올 수도 있다고 했다. 신설이 쌓이면 하루 만에도 옷을 갈아입는 일본스키장이니 기대해보기로 했다. 제발, 내일은 눈이 펑펑 내려주기를!

그리고 다음날 아침.

비가 온다.

믿을 수 없는 사태에 나는 멍하니 슬로프를 바라봤다. 어젯밤만 해도 신설을 기대하며 잠이 들었는데, 보드복을 입고 스노보드를 든 채 스키장에 나서니 빗방울이 뚝뚝 떨어지고 있었다.

문득, 아침식사를 하며 만났던 한국인 여행객들이 생각났다. 그들은 이미 보드복 바지까지 입은 채 조식 뷔페를 먹고 있었다. 한 사람이 깔깔거리며 웃었다.

"형, 지금 휘팍에 비 온대요."

"그래? 우리 진짜 스케줄 잘 잡았는걸? 하하하!"

그들은 마냥 행복해 보였다. 한껏 들떠있었다. 나는 고개를 돌려 혹시 그들이 슬로프에 있는지 둘러봤다. 보이지 않았다. 이미 리프트를 타고 올라간 걸까. 아마 그들의 가슴에도 비 같은 눈물이 내리고 있으리라.

곤돌라를 타고 올라갔다. 창문에 빗방울이 영롱하게 맺혔다. 이

상황을 어떻게 받아들여야 할지 모르겠다. 하늘을 바라보니 커다란 무지개가 떠 있었다. 아름다웠다. 하지만 슬펐다. 이렇게 가슴 아픈 무지개는 처음이었다.

정상에 올라 조금 내려오다 보니 이번에는 안개가 온 산을 휘감았다. 몇 미터 앞도 보이지 않았다. 앞이 슬로프인지 절벽인지 알 수 없으니 라이딩을 하는 것이 불가능했다. 스노보드를 타던 사람들이 다들 멈춰 서서 주변을 둘러봤다. 앞이 보이지 않으니 조금 내려가다 바닥에 뒹구는 사람들이 속출했다. 속절없이 주저앉아 안개가 걷히기를 기다렸다. 온통 새하얀 세상 속에 가만히 앉아있으려니 듀스의 노래가 떠올랐다. '난 누군가? 또 여긴 어딘가?'

항상 좋은 일만 있을 수는 없다. 때로는 비도 오고, 안개가 낄 수 있고, 눈보라 때문에 리프트 운행이 멈추는 일도 생긴다. 앗피는 일본 내에서 최고의 인기를 얻고 있는 스키장이다. 보드라운 아스피린 설질로 유명하지만 나는 그것을 느껴보지 못했다. 안타깝지만 어쩔 수 없는 일이다. 항상 완벽할 수는 없는 일이니까. 그렇다고 낙담할 필요도 없었다. 무지개와 함께 스노보드를 타는 경험은 쉽게 만날 수 없는 것일 테니까. 나는 그렇게 또 한 번의 색다른 실패를 경험했다.

낡음은 기억을 응축한다

츠루노유 료칸

수심 423m에 이르는 타자와 호수는 일본에서 가장 깊은 호수라고 한다. 그곳에는 아름다운 여인의 모습을 한 타츠코 상이 있는데, 그에 관련된 전설이 있다.

타자와 호수 근방의 칸나리라는 마을에 아름다운 미녀 타츠코가 있었다. 그녀는 자신의 아름다움을 간직하게 해달라고 기도를 드렸다. 관음보살이 나타나 마을 북쪽 연못의 물을 마시라고 했는데, 마시면 마실수록 갈증이 생겨 물을 계속 마신 타츠코는 거대한 용의 모습이 되어 타자와 호수에 뛰어들었다고 한다.

타츠코 상 앞에 서서 타자와 호수를 바라보니, 과연 그 크기를 가늠하기 힘들 정도였다. 드라마 『아이리스』에 나왔던 이병헌의 대사처럼, 전설 따위에는 관심이 없었지만 탁 트인 호수를 바라보는 것만으로도 기분은 한결 나아졌다.

눈 소식은 여전히 없었고 꽁꽁 얼어붙은 슬로프에서 스노보드를 타는 것도 무의미하게 느껴져, 이와테 현 인근의 아키타 현으로 관광을 나섰다. 이른바 '아이리스 투어'였다. 드라마 아이리스를 아키타 현에서 찍었기 때문에 촬영장소를 중심으로 관광코스가 형성되어 있었다. 촬영장이었던 레스토랑에도 가보고, 빅뱅 탑이 나왔다는 댐에도 들렀다. 드라마를 매회 본 것이 아니라 잘 모르는 곳도 있었다. 꼭 가보고 싶은 곳이 있긴 했다. 바로 뉴토 온천, 이병현과 김태희가 들어간 츠루노유 료칸의 남녀혼탕이었다. 투어버스는 좁은 길을 굽이굽이 올라 산 중턱에 멈춰 섰다. 버스에서 내린 나는 감탄했다. 이렇게 예쁜 료칸이 이 산속에 있을 줄이야.

자칫하면 그냥 지나칠 정도로 입구가 작고 단출했다. 안으로 향하는 길에는 양쪽으로 료칸이 죽 이어져 있었는데, 그 모습이 너무나 운치 있었다. 370년 넘게 이 자리를 지키고 있는 료칸이라고 한다. 하얀 눈이 쌓인 그 길을 천천히 걸어 들어갔다.

입장료를 내고 안으로 들어가도 안내를 해주는 사람이 없었다. 그저 손으로 그린 듯한 지도 하나가 벽에 붙어있을 뿐이었다. 남자 온천을 찾아 들어갔다. 유황 냄새가 가득했다. 온천은 매우 작아서 남자 넷이 들어가면 무릎이 닿을 정도였다. 샤워기 같은 것도 없고 그저 찬물이 졸졸 나오는 대나무 대롱 하나가 전부였다. 온천을 하고 나오니 온몸에서 유황냄새가 났다. 원래 온천수의 효과를 보기 위해서는 온천욕을 한 후 몸을 씻지 말아야 한단다. 유황 냄새가 너무 심해서 몸을 좀 씻고 싶어도, 대롱에서 나오는 물은 너무 차가워서 씻을 수가 없었다. 어쩔 수 없이 그냥 옷을 입었다.

김태희와 이병헌이 몸을 담갔던 노천온천! 나도 그 안에 몸을 담그고 싶었다. 어떤 모습인가 궁금해 주변을 둘러보니, 싸리로 엮은

울타리 너머에 온천탕이 그대로 보였다. 말 그대로 정말 노천탕이었다. 관광객들이 지나다니며 흘끔흘끔 바라보는 그 안에서 온천을 하는 것이다. 나도 온천을 즐기고 싶었지만, 단체여행이라는 시간적 제한도 있었고, 남들에게 보여주기에는 너무나 비루한 몸뚱이라서 선뜻 용기가 나지 않았다.

시간이 좀 남아 천천히 료칸을 돌아보며 구경했다. 목조건물은 낡았고 한쪽 벽에는 곶감과 옥수수가 줄지어 매달려 있었다. 온천은 작고 불편했다. 하지만 그런 것들이 나의 마음을 편하게 했다.

새로운 것이 항상 옳은 것은 아니다. 낡은 것은 시간과 기억을 응축해 내포한다. 눈이 쌓인 낡은 료칸을 바라보며 감상에 잠겼다. 내가 잠시 머물렀던 이 순간도 츠루노유 료칸과 온천의 시간에 녹아들어 기억의 일부가 될 것이라는 생각이 들었다. 봄비 덕에 좋은 곳에 왔구나 싶어 기분이 좋아졌다. 천천히 눈을 감았다.

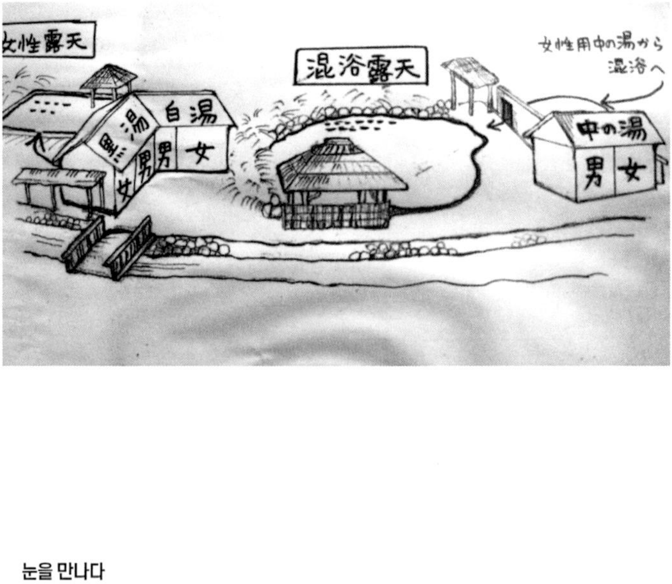
女性露天
混浴露天
女性用中の湯から
混浴へ
白湯
男
女
男
女
中の湯
男
女

本陣鶴の湯
秘湯鶴の湯温泉

나의 로망, 시가 고원

일본 나가노 시가 고원 스키장

야마가타 자오에 다녀온 후, 이상한 버릇이 생겼다. 틈만 나면 일본 스키 여행사 사이트에 들어가 스키장과 스키 여행상품을 클릭하는 것이었다. 마음 같아서야 캐나다 휘슬러, 블랙콤이나 오스트리아 인스부르크 스키장에 가고 싶었지만, 직장인이다 보니 휴가를 길게 낼 수가 없어 갈 수 있는 곳이라고는 일본밖에 없었다. 아이쇼핑을 하듯 매일 일본스키장을 찾아봤다.

수많은 일본스키장 중에서 내 눈에 들어온 곳은 바로 시가 고원 스키장이었다. 스키장 21개가 모여 있는 방대한 스케일을 자랑하는 곳으로, 나가노 동계올림픽이 열린 곳이기도 했다. 야마가타 자오와는 달리 주변에 술집 같은 것조차 거의 없는, 말 그대로 스키 스노보드만을 위한 곳이었다.

시가 고원은 그 방대한 규모 때문에 3박 4일의 일정으로는 스키장을 제대로 즐기기 힘들었다. 적어도 4박 5일 일정으로 다녀와야 하는데, 당시에는 휴가 내는 게 쉽지 않았다. 쉽게 갈 수 없는 곳이다 보니 더욱 가고 싶은 마음이 들었다. 어느새 시가 고원은 나의 로망이 되어갔다. 달력을 살펴봤다. 구정 연휴가 5일이었다.

우리 집은 손이 귀해서 한 사람이라도 자리를 비우면 차례를 지내기가 힘들 정도였다. 조상님의 차례를 지내야 하는 의무감과 시가 고원의 눈 위에서 뒹굴고 싶은 욕망 사이에서 몇 날 며칠을 고민하던 나는, 말씀이라도 드려보자 싶어 아버지께 조심스레 나의 계획을 여쭸다. 아버지는 대답이 없으셨다. 아무래도 탐탁지 않은 모양이었다. 역시 안 되는구나. 체념하는 나에게 아버지께서 슬쩍 말씀하셨다.

“하긴, 결혼하기 전에야 여행도 가고 그러는 거지. 지금 아니면 언제 가겠냐.”

귀가 쫑긋했다. 노총각의 마지막 여유를 즐기라는 의미였는지, 아버지는 어렵사리 허락해주셨다. 드디어 나의 로망, 시가 고원에 갈 수 있게 된 것이다. 죄송합니다. 조상님. 그래도 이번 한 번만 봐주세요!

시가 고원에서는 새로운 룸메이트를 만났다. 출발 전에 여행사에서 연락이 왔다. 세 명이 한 팀인 분들이 있는데, 그중 한 분과 방을 같이 써도 괜찮겠냐는 것이었다. 1인실 비용이 부담스러웠던 터라 흔쾌히 동의했다. 함께 방을 쓰게 된 사람은 성이 장 씨였기에 장 군이라 불렀다. 장 군과 서먹한 인사를 하고, 다음날의 라이딩을 위해 일찍 잠이 들었다.

다음날 아침, 장 군 일행과 함께 야케비타야마 슬로프로 향했다. 날씨가 아주 화창했다. 하늘에는 구름 한 점 없어 시야가 아주 좋았다. 며칠 동안 눈이 내리지 않았는지 슬로프에 뽀송뽀송한 눈은 없었지만, 그래도 정설이 잘되어 있어서 타는 데에는 지장이 없어 보였다. 곤돌라를 타고 올라가니 입이 벌어진다. 저 멀리 순백의 깎아지른 산맥이 넓게 펼쳐져 있었다. 이런 절경이 보일 줄이야. 야케비타야마에서 바라보는 풍경은 비현실적으로 느껴지기까지 했다.

두근거리는 가슴으로 슬로프를 달리기 시작했다. 사람이 꽤 있었음에도 슬로프가 많고 넓다 보니 거의 우리만의 독차지가 되어 있었다.

시원하게 뻗은 야케비타야마 슬로프를 달리는 것도 재미있었지만, 오래 머물 수는 없었다. 모든 슬로프를 다 타보려면 서둘러야 했으니까. 이치노세 다이아몬드 슬로프로 넘어갔다. 군데군데 파우더 눈이 쌓여있어서 살짝살짝 슬로프 밖을 들락거리며 정신없이 놀았다. 슬로프 위에서 앞을 바라보면 맞은편 산에도 슬로프가 보이고, 깨알 같은 크기의 사람들이 신나게 스키를 타고 있었다. 그리고 그 뒤로는 멋진 산맥이 병풍처럼 펼쳐졌다.

스노보드를 타다가 힘들어서 잠시 멈춰 섰는데, 나무 사이에서 뭔가가 꾸물거리는 게 보였다. 저게 뭐지? 정체를 확인한 나는 깜짝 놀랐다.

"원숭이다!"

원숭이가 나뭇가지에 앉아있었다. 시가 고원에서는 창문을 열어놓고 자지 말라는 이야기를 들은 것이 기억났다. 원숭이들이 들어와 먹을 것을 훔쳐간단다. 시부 온천이라는 곳은 사람이 아니라 원숭이들이 온천물에 들어가 목욕을 하며 추위를 견딘다고 한다. 정말 이런 세상이 있다니, 신기할 뿐이다.

하지만 원숭이에게 신경 쓸 틈은 없었다. 아직도 못 가본 슬로프가 너무 많았다. 오솔길 같은 히가시다테야마 슬로프를 달렸다. 나무숲 사이로 난 폭이 좁은 슬로프를 천천히 내려오는 기분이란, 마치 산책하는 듯한 느낌이었다.

종일 열심히 탔는데도 모든 슬로프의 반 정도밖에 타지 못했다. 정말 대단한 규모였다. 너무 흥분해서 무리했는지 허벅지가 뻐근했다. 오길 잘했어. 뿌듯한 마음으로 뜨거운 대욕탕에 몸을 담갔다.

세상에서 가장 높은 빵집

일본 나가노 시가 고원 스키장

시가 고원 요코테야마 정상에는 MT. 베이커리가 있다. 말 그대로 빵집인데, 세상에서 가장 높은 곳에 위치한 빵집이라고 한다. 시가 고원의 높이가 2,300m 정도니까 한라산보다 높고 백두산보다 조금 낮다. 스키장을 폐장한 여름에도 빵집을 운영하는데, 마을 사람들이 리프트를 타고 올라와서 빵을 사간단다.

요코테야마 슬로프는 안개에 휩싸여있었다. 도무지 앞이 보이지 않고 설상가상으로 눈보라마저 슬로프를 덮쳤다. 요코테야마 정상에 오른 우리는 대책회의를 했다. 시간이 없으니 일단 탈 것인가. 잠시 눈보라가 지나가길 기다릴 것인가. 입술이 바짝 말랐다. 눈보라가 언제 멈출지 아무도 모르기 때문이었다. 하지만 이 상태에서 라이딩을 하는 것도 큰 의미는 없었다.

"잠깐 쉬었다 타죠."

피 같은 시간이 흘러가는 것은 안타깝지만, 눈보라 속에서 라이딩을 하는 건 위험한 일이었다. 우리는 쉴 곳을 찾았고 세상에서 가장 높은 빵집, MT. 베이커리에서 잠시 머물기로 했다. 빵집 앞에는 멋지게 생긴 개 두 마리가 있었는데, 눈이 와서 그런지 개집에 쏙 틀어박혀 나오질 않았다. 잠시 눈을 피할 겸 안으로 들어갔다.

장갑과 헬멧을 벗고 메뉴를 살폈다. 컵수프가 유명하다기에 주문을 했다. 얼른 나가서 스노보드를 타고 싶은 마음에 연신 밖을 쳐다볼 수밖에 없었다. 그런데 주문한 컵수프가 나오지를 않아 안을 들여다보니, 미리 만들어놓은 게 아니라 주문을 받으면 그제야 컵에 수프를 담고 입구에 반죽을 늘여 붙여 오븐에 구워내는 것이었다. 수프 담으랴 반죽 붙이랴 오븐에 구워내랴 시간이 영 오래 걸렸다. 눈보라가 그쳤는데도 수프가 안 나오면 어쩌나 하는 걱정이 살짝 들었다.

이윽고 음식이 나왔고 부풀어 오른 빵을 뜨거운 수프에 적셔 먹었다. 뜨겁고 부드러운 수프가 갓 만든 빵에 스며든 맛이 참 좋았다. 어느새 나의 조급했던 마음도 녹아갔다. 2,300m 높이, 세상에서 가장 높은 빵집에서 수프를 먹는다는 건 그것만으로도 꽤나 운치 있는 일 아닌가. 스노보드 한 시간을 더 타고 안 타고가 중요한 것이 아니었다. 그 시간동안 내가 얼마나 행복하느냐가 중요한 게 아닐까? 세상에서 가장 높은 빵집에서 수프를 먹는 그 시간 동안, 나는 행복했다. 그거면 충분했다.

수프를 다 먹을 즈음 창밖을 내다 보니 눈보라가 멈춰있었다. 산 정상부의 날씨는 너무나 변덕스러워서, 눈보라가 치다가도 갑자기 해가 나고, 그러다가 또 안개가 끼는 등 변화무쌍했다. 베이커리를 나와 보니 개집에 틀어박혀 있던 개들도 밖에 나와 있었다. 날씨가 맑아졌다는 뜻이다.

슬로프로 향하는 발에서 뽀드득 소리가 났다. 눈보라는 30분 정도의 시간 동안 발목까지 차오르는 부드러운 눈을 뿌려놓았다. 스노보드를 신고 슬로프를 달렸다. 이것이야말로 진정한 이지파우더! 정설 위에 고운 눈이 소복이 쌓인 최고의 설질이었다. 안개가 걷히자 숨겨져 있던 풍경들이 눈에 들어왔다. 수천 개의 나무들이 하얀 눈에 덮여 내 발밑에 펼쳐져 있었다. 하나하나 커다란 나무들인데, 내가 너무 높이 있다 보니 손가락만 하게 보이는 게 신기했다. 야마가타 자오의 수빙도 멋있었지만 시가 고원은 또 다른 맛이 있었다.

멋진 풍경 보랴, 그 좋은 설질의 슬로프를 달리랴, 정말 정신없이 바빴다. 넓게 펼쳐진 하얀 세상. 리프트 위에서 바라본 그 모습에 가슴이 벅찼다. 역시, 이곳은 나의 로망이 맞았다. 내가 그렇게 그리던 그곳이 맞았다.

EL0269-34-2430
づくりのパンをどうぞ
犬にご注意
お客様へのお願い

BUTTER

You're lucky

일본 나가노 시가 고원 스키장

나는 스스로를 '관광보더'라 부른다. 말 그대로 주변 경치를 즐기며 설렁설렁 내려오는 것을 좋아하기 때문이다. 딱히 스피드를 즐기지도 않고, 점프나 그라운드 트릭을 하지도 않는다. 하프파이프는 들어가 본 적도 없다. 부상에 대한 걱정이 지나친 탓이다. 요즘도 항상 엉덩이보호대와 무릎보호대를 입고 가끔은 슈트처럼 생긴 상체보호대도 입는다. 스노보드를 타면서 크고 작은 부상들을 직간접적으로 경험했고, 부상을 당하면 얼마나 손해인가를 알기에 조심하는 것이다.

하지만 조심한다고 모든 부상을 피할 수는 없다. 왼쪽 어깨는 고질적으로 부상을 입는 곳이다. 내가 남들과 반대로 타는 구피 스타일이라 그런지 국내스키장에서 타기만 하면 누군가가 뒤에서 날 덮쳤다. 딱딱한 슬로프에 넘어질 때마다 왼쪽 어깨를 다쳐서 한동안 통증에 시달려야 했다. 일본도 완전히 안전한 곳은 아니었다. 시가 고원에서의 첫날, 신나게 달리다가 슬로프 옆, 정설되지 않은 곳으로 뛰어들었는데 그만 스노보드가 눈에 처박히면서 앞으로 날아가 버렸다. 말 그대로 허리가 '접혔다.' 우두둑 소리가 날 정도였다. 다행히 뼈나 디스크에 이상이 없었지만, 한동안 허리에서 시큰시큰한 통증을 느껴야만 했다.

시가 고원에서의 마지막 라이딩이었다. 오후 3시에 호텔에 모여서 나고야로 이동해야 했기에 2시 정도까지만 스노보드를 타기로 했다. 리프트에서 내려 데라코야 슬로프로 이어진 완만한 통로를 내려가는데, 앞서가던 장 군이 갑자기 휘청하더니 쿵 넘어졌다. 악 하는 비명이 들렸다. 무슨 일인가 싶어 다가가 보니 어깨를 움켜쥔 채 바닥에 누워 꼼짝도 못했다. 부상당한 곳을 확인하려고 눕히는데 또다시 비명을 질렀다. 도저히 통증 때문에 똑바로 누울 수가 없다고 했다.

"어깨에서 우지끈 소리가 났어요."

당황스러웠다. 우지끈 소리가 났다면 골절이라는 뜻일까? 어쨌든 보드복을 벗기고 어깨를 만져봐야 골절인지 아닌지 알 텐데, 손도 못 대게 하니 알아볼 도리가 없었다. 주변을 둘러봤다. 우리나라는 슬로프 펜스 기둥에 사고 시 연락할 수 있는 전화번호가 적혀있지만 여기는 그렇지 않았다. 나는 점점 더 당황했다. 어떻게든 패트롤에 신고를 해야 하는데 번호를 모르니 도리가 없다. 여행사에 연락해보자! 전화를 하니 신호는 가는데 받지를 않았다. 생각해보니 오늘은 구정연휴다. 여행사에 직원이 있을 리가 없었다. 주머니를 뒤져 슬로프 맵을 살펴봤다. 어디에 어떻게 전화를 해야 하는지 찾기 힘들었다. 시간은 야속하게 흘러만 갔다. 나는 패닉 상태였다.

그때, 누군가의 목소리가 들렸다. 스키를 탄 사람이 우리를 내려다보며 장 군을 손가락으로 가리켰다. 그리고는 영어로 물었다.

"다쳤습니까?"

"네."

나는 고개를 끄덕였다. 패트롤 전화번호를 아느냐고 물어보려는데, 그가 말했다.

"그럼 제가 올라가서 직원에게 이야기를 하겠습니다."

올라가서? 그의 말이 무슨 뜻인지 잠시 어리둥절했던 나는 곧 깨달았다. 리프트에서 내린 후 바로 넘어졌으니, 10미터만 걸어 올라가면 리프트 담당 직원이 있는데 그걸 생각 못 했던 것이다. 이런 바보 같으니라고! 멍청함에 스스로를 꾸짖었다. 리프트에서 직원이 달려 나왔다. 그의 상태를 보더니 패트롤에 연락을 해주겠노라 말했다.

잠시 후 패트롤이 와서 그의 상태를 확인하더니, 들것에 잘 눕히고 담요를 덮어 지퍼까지 완전히 잠갔다. 스키장 클리닉으로 그를 옮기는 동안, 정말 머릿속이 복잡했다. 골절이라면 여기에서 치료를 해야 하나? 바로 귀국을 하는 것이 좋지 않을까. 비행기 표는 있을까? 내일까지 호텔에서 지내도 괜찮을까?

패트롤 스노모빌에 매달려 장 군은 클리닉으로 이송됐고, 뒤따라간 나는 안을 살펴보았다. 의사가 장 군의 어깨를 만져보더니 골절이 아니라 탈골 같으니 뼈를 맞춰야 한다고 했다. 나는 그를 돕기 위해 장 군의 어깨를 잡았다. 그런데 장 군이 고개를 갸웃했다.

“다 나은 거 같은데요? 이제 안 아파요.”

무슨 소리지? 알고 보니, 장 군의 어깨는 슬로프 바닥에 부딪히면서 탈골된 상태였는데 진찰을 위해 옷을 벗는 과정에서 우두둑하며 뼈가 저절로 관절에 다시 들어가 버린 것이었다. 다들 허탈함에 허허 웃고 말았다. 진료 의사가 엄지손가락을 내밀었다.

“You're lucky."

장 군이 다친 상태에서 더 이상 스노보드를 탈 수가 없어 우리는 호텔로 이동하기로 했다. 시가 고원에서 불의의 사고! 하지만 잘 해결되어서 다행이었다.

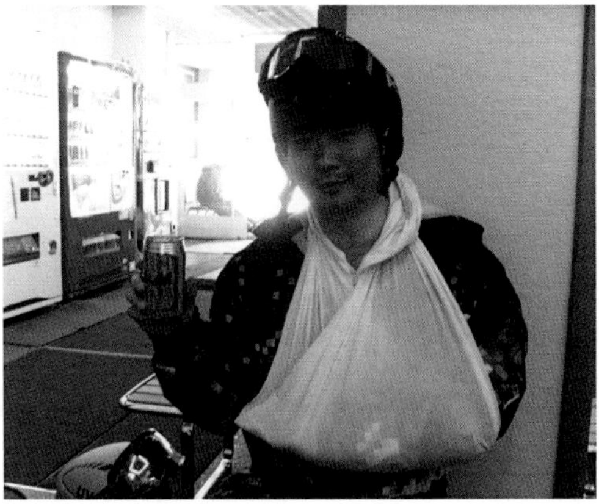

나고야의 아침

일본 나가노 시가 고원 스키장

나고야 공항까지 시간이 너무 오래 걸리기 때문에, 시가 고원에서 아침에 출발하는 건 무리였다. 어쩔 수 없이 오후 4시경 시가 고원을 떠나야 했다. 나고야에 도착한 시간은 저녁 8시. 도요코인이라는 작은 호텔에 짐을 풀었다.

다음날 새벽 일찍 눈을 떴다. 아침 6시. 잠시 고민했다. 공항에 가기 위한 집합시간은 오전 9시 30분. 달콤한 아침잠을 조금 더 잘까 하는 생각도 들었지만 나는 꼬물거리며 이불 밖으로 나왔다. 나고야의 거리가 보고 싶었기 때문이었다. 도쿄와 오사카는 가봤지만, 나고야는 처음이었다. 내가 다시 나고야에 올 일이 있을까. 어쩌면 나고야의 거리를 걸을 수 있는 마지막 기회일 수도 있었다.

간단하게 씻고 호텔을 나섰다. 어젯밤에 저녁식사를 하러 나왔다가 봤던 나고야 텔레비전 탑이 보였다. 아직 이른 시간이라 거리에는 사람이 많지 않았다. 어디로 갈까. 나고야성 쪽으로 발길을 옮겼다. 예스러운 모습의 아이치 현청과 나고야 시청이 눈에 들어왔다. 나고야성 경계를 따라 이어진 길에는 이른 조깅을 하는 사람들이 꽤 있었다.

갑자기 고양이 떼가 나타났다. 무슨 일인가 했더니 할아버지 한 분이 자전거를 세우고 뭔가를 부스럭부스럭 꺼내고 있었다. 길고양이 사료를 챙겨주시는 모양이었다. 성질 꽤나 부릴 것처럼 날카로운 인상의 고양이들이, 할아버지의 다리에 몸을 비벼대며 애교를 부렸다. 그릇에 사료를 덜어 내려놓으니 고양이들은 우적우적 신나게 먹어댔다. 나는 그 옆에 앉아 카메라를 꺼내 들고 말없이 그 장면을 사진에 담았다. 아직 냉기가 사라지지 않은 차가운 아침에, 옹기종기 모여앉아 아침밥을 먹는 고양이들은 그저 평화로웠다.

돌이켜보면, 나는 여행을 그다지 좋아하지 않았다. 새로움보다는 익숙함을 좋아했고, 몸을 움직이는 일은 다 질색이었다. 내 집, 내 방이 제일 아늑하고 좋았다.

그런데 스노보드를 배우고, 여행을 다니다 보니 집에 있을 때 느끼지 못했던 감정들을 많이 접할 수 있었다. 이른 아침의 거리에서 고양이들의 밥을 챙겨주는 할아버지가 있다는 것을 방 안에 틀어박혀있던 내가 알 수 있었을까. 추운 날씨에도 아침 조깅을 즐기는 사람들이 있다는 것도 몰랐을 것이다. 바쁘게 출근할 줄만 알았지, 그런 사람들을 멀리서 물끄러미 바라보는 제3자의 시선은 경험하지 못했을 것이다. 여행자의 눈으로 보는 세상은 모든 것이 새로웠다.

고양이들의 아침식사를 방해하지 않기 위해 발걸음을 옮겼다. 나고야 성에 도착했다. 안타깝게도 문이 닫혀 있었다. 오전 9시부터 연다는데, 시계를 보니 아직 8시였다. 한 시간을 기다려 구경을 해볼 수도 있었지만 나는 돌아섰다. 이 시간만큼은 관광객이 아니라 여행가이고 싶었다. 명소를 찾아다니는 것도 좋지만, 그저 나고야의 아침 거리를 느끼는 것만으로도 족했다. 이름을 알 수 없는 신사도 둘러보고, 정처 없이 거리를 걸었다. 9시가 가까워지자 나는 나고야 산책의 대미를 장식할 것을 찾았다. 바로 텐무스였다.

텐무스는 새우튀김이 들어있는 작은 주먹밥이다. 센주라는 곳의 텐무스가 유명하기에 가보려 했는데, 찾기가 쉽지 않았다. 오스 거리에 도착했지만, 문을 연 곳도 별로 없고 길을 구분하기 쉽지 않았다. 잠시 둘러보던 나는 시계를 쳐다봤다. 남은 시간이 별로 없었다. 무작정 앞에 보이는 파출소에 들어가 영어로 물었다.

"텐무스 센주에 가고 싶은데 어디에 있나요?"

경찰 아저씨는 이른 아침부터 텐무스를 먹겠다는 나를 보며 당황한 기색이었지만, 친절하게 길을 가르쳐주었다. 그가 가르쳐준 대로 길을 따라 걸으니 쉽게 센주를 찾을 수 있었다. 같이 슬로프를 탔던 분들께 나눠드리기 위해 세 묶음을 샀다.

호텔로 돌아오는 길은 출근하는 사람들로 활기를 띠고 있었다. 짧은 시간의 방황으로부터 돌아온 내 얼굴에는 미소가 떠올랐고, 사람들과 함께 텐무스를 먹을 생각에 기분은 한껏 좋아져 있었다. 가끔은, 이런 엉뚱한 행동이 삶에 있어 짭조름한 소금이 된다고 생각한다. 나는 그렇게 믿는다.

눈 내리는 소리

일본 홋카이도 후라노 스키장

직장 동료인 정 선생님으로부터 일본 스키 여행을 같이 가자는 제안을 받았다. 혼자 떠나는 여행도 좋지만, 같이 떠나는 여행의 묘미도 있기에 반가울 수밖에 없었다. 적어도 아들 둘과 사모님을 포함한 정 선생님 가족이 전부 여행에 참여할 것이며, 그들 모두 지금까지 단 한 번도 스키를 타본 적이 없다는 사실을 알기 전까지는 말이다.

스키 부츠를 신어본 적도 없는 초보자 가족을 일본 홋카이도의 스키장으로 데려가려니 막막하기만 했다. 어느 스키장을 갈 것인지부터 시작해서 강습은 어떻게 할 것인지 머리가 복잡했다. 일단 초보자 코스가 많은 후라노 스키장을 원정지로 정했고, 같이 가는 일행 중 스키어가 있어 그분께 기본 강습을 부탁드리기로 했다. 기본만 가르쳐주면 연습이야 각자 알아서 할 수 있겠지 하는 안이한 생각이었다.

홋카이도 아사히카와 공항을 통해 후라노 리조트에 도착했다. 명성대로 참 아름다운 곳이었다. 숲 속으로 난 길을 걸어 들어가면 작은 공방들이 있었고, 희미한 불빛을 따라 난 길 끝에는 조그만 술집도 있었다. 가끔은 나무 위에 쌓였던 눈이 떨어지면서 흩날렸다. 첫날 저녁은 그렇게 아름다운 숲길을 걸으며 보냈다.

다음날, 우리는 스키와 스노보드를 들고 슬로프로 나섰다. 그득 쌓인 눈을 밟으면 뽀득거리는 소리가 났다. 그 위로 부드럽게 미끄러지는 스노보드의 느낌이 참 좋았다. 동행한 스키어가 기본적인 강습을 해주었는데, 문제가 발생했다. 정 선생님은 고질적인 무릎 통증으로 스키 배우는 것을 일찌감치 포기하셨고, 정 선생님의 사모님은 스키를 타다 잘못 넘어져 부상을 입었다(나중에 알게 된 일이지만 무릎의 인대가 끊어지는 큰 부상이었고, 한국에 돌아와서 수술을 받아야 했다). 결국 덩그러니 남은 초등학생 둘을 내가 책임져야 하는 상황이 됐다. 게다가 나는 스키어가 아니라 스노보더였다.

리프트를 타고 정상에 올라가 슬로프를 내려오기 시작했다. 이제 갓 미끄러지기 시작한 정 선생님의 아이는 눈 위에서 스키를 조정하는 것이 힘든지 연신 다리를 벌리며 안간힘을 썼다. 내가 할 수 있는 일이라고는 스키를 타고 내려오는 아이를 보며 길은 잘 찾아가는지, 넘어져서 다치지는 않는지 바라보는 것밖에 없었다. 뒤에서 묵묵히 바라보다 보니 조바심이 났다. 눈은 펑펑 내리고 인적이 드문 넓은 슬로프는 나에게 어서 달리라고 속삭였다. 하지만 그럴 수 없었다. 오십여 미터를 내달리면 이제 겨우 A자 턴을 배운 아이는 넘어지지 않으려 비틀비틀 애를 쓰며 천천히 뒤따라왔다. 한참 동안 서서 기다렸다. 아이가 도착하면 또 휭 하니 내달리고 다시 멍하니 서서 기다리는 것이 반복됐다. 사방에 아무도 건드리지 않는 새하얀 눈이 있어서, 그곳에 죽죽 선을 그으며 내려가야 하는데 그렇게 하지 못하니 자꾸 조바심이 나고 답답했다.

오래 서 있는 게 힘들었던 나는 결국 슬로프 한쪽 언덕에 주저앉았다. 달리고 싶어 일본에 왔는데 달리지는 못하고 이렇게 눈에 주저앉아있을 뿐이라니. 한숨을 쉬며 가만히 허공을 바라보는데 무슨 소리가 들렸다. 들릴 듯 말 듯 미세하지만 부드러운 사각거림이었다. 적막한 슬로프에서 들리는 낯선 소리의 원천을 찾아 귀 기울였다. 무언가가 가볍게 어딘가에 닿아 미끄러지는 소리. 그것은 가까이에 있었다. 고개를 돌려 옷깃을 내려다보니 하늘에서 내려오는 육각형의 눈 결정이 고어텍스 소재의 스노보드복 위에 떨어져 굴렀다. 눈이 내 어깨에 떨어지고 구르면서 나는, 눈이 내리는 소리였다.

적막한, 공허한 공간이 확장되는 듯 새롭게 펼쳐졌다. 나는 눈을 크게 뜨고 주변을 바라봤다. 바닥만 보고 달리느라 미처 보지 못했던 풍경이 눈에 들어왔다. 산을 휘감고 있는 구름과 그 안에서 하얀 눈을 어깨에 인 채 서있는 나무들. 산 아래로 내려다보이는 넓은 들판과 야트막한 언덕의 연속. 한가로이 지나가는 스키어. 그 모든 것이 아름다웠다. 마음이 진정되고 평화로워 잠시 고개를 들고 눈을 감았다. 내 얼굴에도 눈이 떨어져 쌓이기 시작했다. 슬로프를 다섯 번 달리건 열 번을 달리건 그게 무슨 차이가 있겠는가. 지금 이 자리에 있다는 것 자체가 중요한 것이었다. 천천히, 눈 내리는 소리에 동화되어갔다.

한참이나 눈을 맞다가 정신을 차려보니 아이는 이미 저만치 아래에 있었다. 엉덩이에 묻은 눈을 털고 일어나 스노보드를 탔다. 미끄러지는 감촉이 발바닥을 통해 전해졌고 나도 모르게 웃음이 났다.

II. 눈은 일탈이다
snowboarders
on top mountain

최고의 식탁

일본 나가노 하쿠바 스키장

겨울비가 내렸다. 가벼운 두드림과 함께 떨어진 가랑비가 나가노 핫포 스키장으로 향하는 버스 유리창에 단절된 선을 그었다. 1998년 동계올림픽이 개최됐던 나가노, 그중에서도 최고로 친다는 핫포 스키장에서 스노보드를 탈 마음에 오븐 속의 빵처럼 부풀어 오르던 기대는 비와 함께 천천히 식어갔다. 축축해진 눈은 밤새 꽁꽁 얼어버릴 게 분명했다.

호텔은 웰컴센터 바로 옆 건물이었다. 말이 호텔이지 실은 여관이나 다름없었다. 다행히 비가 많이 오지는 않았다. 창문을 여니 스키를 들고 가는 아버지와 아이가 보였다. 갈색 스키복은 꽤 낡은 것이었고 얼굴이 햇볕에 그을려 있었는데 고글을 쓴 자리만 하얀 걸 보니 꽤 마니아임이 분명했다. 뺨을 가로질러 W 모양으로 생긴 천연의 가면은 이곳 사람들에게 자랑거리일지도 모르겠다.

일본의 스키장을 논할 때 떠오르는 단어는 한적, 순백, 적막이었다. 리프트는 빈자리가 많았고 간혹 슬로프에 나 혼자만 덩그러니 남아있을 때도 있었는데, 핫포는 그렇지 않았다. 도쿄에서 멀지 않고 원체 유명한 스키장이다 보니 세계 각지에서 모여든 스키어들로 북적거렸다. 금발에 파란 눈의 청년이 일본어를 하며 스키 렌탈샵 아르바이트를 하는 그런 곳이었다.

스키장의 명성만큼 스키어들의 실력도 대단했다. 그들이 매우 빠른 속도로 내 옆을 스쳐지나가서, 불안함에 가끔 신경이 곤두서곤 했다. 사람이 너무 많아 여기가 한국인가 일본인가 싶을 때도 많았다. 차이가 있다면 '깎아지른'이라는 단어가 어울리는 절경뿐이다. 도대체 길이가 얼마나 될지 가늠하기도 힘든 순백의 대사면이 펼쳐져있고, 조각칼로 툭툭 깎아낸 듯한 거친 산이 겹겹이 솟아있는 풍경은 그 자체만으로도 경이로웠다.

오전 라이딩을 마치고 식당에 들어서니 낯선 풍경이 펼쳐졌다. 일본스키장의 식당은 한적하기 마련인데, 이곳은 사람이 붐벼 발 디딜 틈이 없었다. 리프트 대기시간에 지치고 고속 라이더에 스트레스를 받은 나는 식사만큼은 마음 편히 하고 싶었다. 자리를 구하지 못해 식판을 들고 서성이는 저 금발 남자처럼 되고 싶지 않았다. 주문을 하기 전에 미리 일행이 앉을 수 있는 자리를 물색했다. 이미 식당 안은 만석이었다. 혹시 남은 자리가 없나 기웃거리다 구석에 있는 빈 테이블을 발견했다. 얼른 장갑부터 벗어 자리를 맡았다. 좁고 불편한 자리였지만 없는 것보다는 나았다.

식사를 받아 자리에 앉으니 손님이 더 늘었다. 그들은 식판을 들고 테이블 사이를 누비며 레이더를 탐색하듯 일정한 속도로 고개를 좌우로 돌렸다. 아예 식사가 끝나가는 테이블 옆에 서서 뚫어지게 밥그릇이 비워지는 것을 쳐다보는 사람들도 있었다. 나는 그들 앞에서 의기양양하게 밥을 퍼먹었다. 나의 재빠른 위치 선점을 스스로 뿌듯해하면서.

입에 밥을 욱여넣다가 고개를 들었는데 이상한 광경을 목격했다. 한 남자가 식판을 들고 주위를 둘러보더니, 자리가 없자 구석에 놓인 의자 하나를 들고 밖으로 나가는 게 아닌가. 엉뚱한 녀석이다 싶었다. 그런데 또 다른 사람도 의자를 들고 나갔다. 몇 명이 의자를 들고 나가자 궁금증을 견디지 못하고 그들이 어디로 가는지 내다봤다.

그들은 의자를 식당 옆 눈밭에 가져다 놓았다. 앞에는 나가노 하쿠바의 눈 덮인 설산이 펼쳐져 있었다. 공기가 맑아 멀고 먼 봉우리까지 선명하게 보였다. 하늘은 푸르고 햇볕이 따사로워 그들은 재킷마저 벗고 있었다. 스키를 타느라 몸에 밴 땀은 차가운 바람이 식혀줬다. 의자에 앉아 멋진 하쿠바의 절경을 바라보며 그들은 여유롭게 식사를 했다. 그제야 알 수 있었다. 내가 눈앞에 보이는 것만 쫓다 보니 정작 더욱 멋지고 훌륭한 것을 놓치고 있었다는 것을. 그림처럼 아름다운 풍경을 앞에 둔 식탁. 그것은 지금까지 내가 봐 왔던 중 최고의 식탁이었다.

금지된 것의 즐거움

일본 나가노 하쿠바 스키장

다행히 비는 멈췄지만, 빗물에 젖은 눈이 밤새 꽁꽁 얼어서 강설이 되어 있었다. 게다가 급경사의 슬로프가 많아서 맘 편하게 경치 구경하며 타는 것은 무리였다. 일본이 자랑하는 핫포 스키장은 상급자 스키어를 위한 곳이었나 보다. 나 같은 관광 보더에게는 조금 부담스러운 곳이었다.

그래도 경치만큼은 대단했다. 시가 고원에서도 풍경에 매료됐는데, 같은 나가노 현이라 그런지 하쿠바의 풍경도 아주 멋졌다. 한 무리의 보더들이 스키장 넘어 더 높은 산으로 스노보드를 들고 걸어가는 것이 보였다. 그때까지만 해도 그들이 어디를 가는 건지 몰랐다. 정상에 가서 사진 찍고 오려고 하는 건가? 스노보드 들고 가면 힘들 텐데.

사실 그들은 오프피스테 라이딩을 위해 더 좋은 눈을 찾아 걸어가는 것이었다. 오프피스테 라이딩이란 슬로프 밖을 달리는 것을 뜻한다. 한국에서는 슬로프 이외의 지역을 스키나 스노보드로 다니는 것을 엄격하게 금지하고 있다. 만약 그런 일이 발각되면 그 자리에서 리프트권을 압수당한다는 말도 있었다.

하지만 외국의 스키장 중에는 슬로프 밖으로 나가는 것을 허용하는 곳도 있다. 주로 미국이나 캐나다, 유럽, 일본 등 자연설로만 스키장 운영이 가능한 곳들이다. 슬로프 밖에도 눈이 많은 데다 슬로프와 슬로프 외 지역을 구분하는 그물 같은 것이 없기에 경계 자체가 모호하다. 정설된 슬로프를 달리다가 살짝 슬로프 밖의 파우더를 즐기고 들어오는 일은 흔하다.

하지만 사람은 욕심을 이길 수 없는 법. 더 좋은, 아무도 건드리지 않은 눈을 찾아 본격적으로 슬로프 밖을 달리는 사람들이 있었다. 일본 또한 마찬가지인데, 슬로프 사이의 나무숲을 달리는 경우는 정말 흔하고 아예 스키장 정상에서 스노보드를 들고 더 높은 곳에 올라가 야생의 눈을 달리기도 한다. 그런 사람들이 너무 많다 보니, 암묵적으로 슬로프 외 지역 활주를 허용하는 곳이 꽤 있다. 다만, 책임은 모두 개인에게 있다. 스키장 측은 슬로프 외 지역에서 발생한 사고는 절대 책임지지 않는다고 한다.

당시만 해도 나는 오프피스테 라이딩을 할 줄도 몰랐고, 그런 게 존재한다는 것 자체도 잘 몰랐다. 그저 주구장창 슬로프만 탔다. 설질도 안 좋은데 신경을 곤두서게 하는 난이도 높은 슬로프들만 타다 보니 금세 지쳤다. 점심을 먹고 다시 슬로프로 나왔지만, 흥이 나질 않았다.

그나마 정상 부근은 비가 오지 않아 부드러운 눈이 남아있었고 사람들은 좋은 눈을 찾아 정상으로 몰렸다. 너무 몰려 슬로프가 꽉 막히겠다는 생각을 했는데 의외로 사람이 적었다. 잘 살펴보니 다들 슬로프 옆으로 빠져나가는 게 아닌가. 슬로프 경계를 표시하는 줄이 하나가 걸려있었는데, 사람들은 그 금줄 아래로 휙휙 지나치며 어디론가 가고 있었다. 궁금증이 생겼다. 저기엔 도대체 뭐가 있는 걸까.

잠시 고민하다가 그들을 따라갔다. 군데군데 솟아있는 작은 나무들을 피해서 앞으로 나아가보니 넓고 정돈되지 않은 설면이 펼쳐졌다. 정규 슬로프 옆에 정설을 하지 않은 부분이 있었는데, 그 야생의 눈이 지금 이 상황에서는 가장 좋은 눈이었다. 경사도 가파르고 사람들이 지나간 자리가 멋대로 움푹움푹 패여 있어서 내려가기가 겁이 났다. 큰맘 먹고 스노보드를 달리기 시작했는데 보드가 불규칙한 눈길에 부딪히면서 덜컥덜컥 거리는 것이 발끝에 전해져왔다. 중심을 잡기 힘들어 비틀비틀거리며 겨우 내려왔지만, 내려오고 나서는 즐거움에 박수를 쳤다. 색다른 재미를 느낄 수 있었다.

이제 와 생각해보면, 오프피스테 라이딩이 무엇인지 이때 처음 느낀 것 같다. 시가 고원이나 야마가타 자오에서도 슬로프 옆의 눈벽을 타고 올랐다 내려온다거나, 슬로프 옆의 나무 사이를 잠깐 들어갔다 오는 정도는 했지만, 완전히 자연설로만 이루어진 급경사를 내려온 것은 그때가 처음이었다. 나는 바로 리프트로 달려갔다. 뒤늦게 사람들이 몰리면서 이곳에 남은 마지막 파우더 눈도 이리저리 짓이겨지고 있었기 때문이었다. 조금이라도 좋은 눈을 타려면 서둘러야 했다. 슬로프가 잘 닦인 고속도로라면, 여기는 오프로드의 산길이었다. 덜컹거리고 흔들리고 울렁거리지만, 그것 자체로 재미있었다.

나는 몇 번이고 그곳을 달렸다. 그동안 정설 슬로프라는 안전한 곳에서 보호받듯이 지내다가, 슬로프 밖이라는 야생으로 나가니 스노보딩 자체가 완전히 다른 느낌이었다. 금지된 것의 즐거움이라는 것이 바로 이런 것일까.

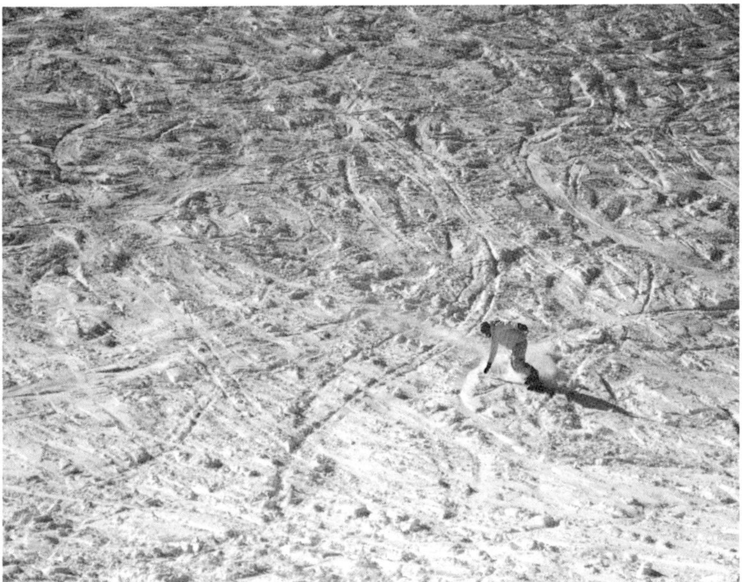

야생의 눈을 만나다

일본 홋카이도 니세코 유나이티드 스키장

니세코 유나이티드 스키장은 하나조노 & 그랜드 히라후, 니세코 빌리지, 안누푸리 등 세 개의 스키장이 정상에서 연결되는 일본 최대 규모의 스키장이다. 니세코로 스노보드 원정을 가기로 마음을 먹은 후, 일정 계획을 짜다 보니 인근의 삿포로와 오타루 관광을 포함하는 게 어떻겠냐는 의견이 있어 첫날에는 삿포로에서 숙박을 하고, 다음날 셔틀버스로 니세코까지 이동하기로 했다.

삿포로에 도착해 삿포로 눈 축제 구경을 하고, 오타루로 이동해 운하를 구경했다. 운하에 떠 있는 촛불들은 아름다웠고, 오르골당에 들러 갖가지 오르골을 구경하는 것도 재미있었다. 영화 『러브레터』에 나왔던 교차로를 찾아 거리를 걷기도 하고, 노점에서 신선한 조개도 구워 먹었다. 기차를 타고 오타루에서 삿포로로 돌아오는 길은 환상적이었다. 기찻길 옆에는 눈이 쌓여있고, 그 눈의 옆에는 바다가 펼쳐졌다. 바닷길을 따라 달리는 것만으로도 운치 있는 여행이었다.

다음날 아침, 삿포로 호텔에서 체크아웃을 하고 니세코로 가는 셔틀버스를 탔다. 삿포로엔 눈이 오지 않았지만, 니세코에 가까워질수록 눈발이 날렸고, 니세코 히라후 스키장의 웰컴센터는 눈보라에 휩싸여있었다. 얼음 같은 바람은 연신 뺨을 갈겼고 작정이라도 한 듯 퍼붓는 눈은 금세 머리와 어깨에 쌓이는, 매섭게 추운 날이었다. 발목이 잠기도록 쌓인 눈 위에서 캐리어의 바퀴는 무용지물이었다. 캐리어와 스노보드 휠백을 질질 끌며 우리는 '롯지 코로폿쿠루'를 찾아 걸었다. 낯선 골목길을 기웃거려 간판도 제대로 보이지 않는 롯지를 겨우 찾았다. 방을 배정받고 짐을 내려놓자 민머리의 남자가 찾아왔다. 그가 바로 니세코 현지에서 여행업을 하는 토모 씨였다. 체크인을 도와주던 그는 리프트권을 구입하려는 우리에게 잠시 설명을 했다.

"니세코는 세 개의 스키장으로 이루어져있는데요, 그랜드 히라후 & 하나조노, 니세코 빌리지, 안누푸리 이렇게 세 개에요. 이 세 스키장을 모두 이용할 수 있는 건 전산공통권인데, 대부분 전산공통권을 끊어도 한두 스키장밖에 못 탑니다. 워낙 넓어서요. 제 생각에 오늘은 그랜드 히라후 & 하나조노만 탈 수 있는 리프트 권을 사시는 게 좋을 거 같습니다."

잠시 우리의 눈치를 살피던 그는 말을 이었다.

"그런데 혹시, 슬로프 밖에서 스노보드를 타보신 적은 있으신가요?"

"왜요?"

"니세코는 슬로프도 좋지만, 슬로프 밖이 더 좋거든요. 제가 여기로 여행 오시는 분들께 추천해드리는 게 있습니다. 니세코는 그냥 슬로프만 타기에는 너무 아까운 곳이에요. 슬로프 밖으로 나오면 허리까지 빠지는 눈 속에서 나무 사이로 타고 다닐 수 있는데, 그게 정말 매력적이거든요."

그는 슬로프 밖 활주, 즉 오프피스테 라이딩을 해보라고 했다. 필요하면 자기가 도움을 줄 수도 있다고 했다. 니세코에 얼마나 좋은 오프피스테 코스가 있는지, 파우더 라이딩이라는 게 얼마나 즐거운 일인지 한참 동안 설명했다. 무슨 얘기를 하려는 건지 감이 왔다. 파우더 가이드를 받으라는 뜻이었다. 나는 점점 마음이 급해졌다. 이곳의 오프피스테가 얼마나 좋은지는 모르겠지만, 나는 당장 리프트 권을 사서 스키장에 가고 싶은 마음뿐이었다. 단칼에 그의 말을 끊었다.

"그래서, 얼만데요?"

"네?"

"그게 얼마나 좋은지는 알겠는데요. 공짜는 아니잖아요. 그러니까 얼마냐고요. 지금 우리는 빨리 나가서 스노보드를 타야 하니까 이렇게 낭비할 시간 없어요. 그냥 딱 잘라 말하세요. 얼만데요."

그때, 당황한 그의 얼굴을 아직도 잊을 수가 없다. 그렇게 면전에서 단도직입적으로 대놓고 물어본 사람은 내가 처음이었을 것이다. 그다음 해 그가 한국에 놀러 왔을 때 저녁에 술 한잔을 같이 했는데, 그도 그때의 일을 잊지 않고 있었다.

"얘가 나한테 처음에 뭐라고 했는지 알아? '얼만데요?' 이러더라. 처음 만나서 하는 말이 얼마면 되냐고 묻더라고. 하하."

결국 그날은 시간이 늦어 우리끼리 스노보드를 탔고, 다음날 그에게 가이드 비용을 내고 오프피스테 가이드를 받았다. 이제는 형 동생 사이가 된, 그와 나의 인연의 시작이었다.

사실 뭐 대단한 게 있으랴 싶었다. 일본의 스키장은 대부분 우리나라처럼 슬로프 가장자리에 펜스를 쳐놓지 않기 때문에 벽 타기를 하거나 정설이 안 된 부분을 살짝 타고 들어오는 것은 흔한 일이었다. 오프피스테라고 해봤자 마찬가지라 생각했다. 토모 형은 비압설 슬로프에서 우리를 돌아보더니 나무 사이로 달렸다. 본격적인 트리런의 시작이었다. 나도 과감히 그를 따라 들어가 나무 사이를 통과하려 했다.

"어어?"

몸이 기우뚱하더니 중심이 흔들렸고 나는 그대로 풀썩 넘어졌다. 뭐지. 왜 넘어졌는지 이해할 수가 없었다. 단단하게 정설된 슬로프에 적응되어있던 나는 턴을 하려고 엣지를 세웠던 것뿐인데 마치 구름 위에 뜬 것처럼 미끄러지듯 넘어지고 말았다. 어이가 없어 헛웃음이 나왔다. 다시 일어나 그를 따라가려 하는데 이상하게 일어날 수가 없었다. 일어나려고 다리에 힘을 주면 스노보드가 스르륵 눈 밑으로 가라앉았다. 손을 엉덩이 쪽 바닥에 대고 일어나려 해도 자꾸 스노보드가 밀려나고 가라앉는 바람에 버둥거리기만 했다. 겨우 일어났나 싶었더니 중심을 못 잡고 이번에는 앞으로 풀썩 엎어졌다. 나 말고도 다들 허벅지까지 빠지는 눈 속에서 허우적대고 있었다. 재미도 있고 허탈하기도 해 자꾸 웃음이 났다. 그렇게 몇 번 넘어지고 나니 요령이 생겼다. 스노보드로 발 아래쪽의 눈을 팍팍 눌러 다진 후 일어나니 한결 수월했다. 다시 라이딩을 시작했다. 압설이 되지 않은 천연설 위를 달리는 느낌은 뭐라 형용하기 힘들었다. 부드러운 크림 위를 달리는 것 같기도 했고, 구름을 탈 수 있다면 이런 기분이 아닐까 싶기도 했다. 울렁이며 자세가 흐트러질 때마다 버릇처럼 엣지를 세웠고 그때마다 내 몸은 힘없이 풀썩 쓰러졌다. 다시 눈과의 사투가 벌어졌다. 팔을 붕붕 돌리며 넘어지지 않게 안간힘을 쓰며 버티는 모습이 꽤 꼴사나웠을 것이다. 이마에는 땀이 나고 온몸은 눈에 젖었지만, 전혀 새로운 세상을 만났다는 사실에 우리는 내내 웃을 수밖에 없었다. 나무 사이를 달리는 느낌은 정말 스릴 넘쳤다. 자연과 산과 하나가 된 기분이었다.

숲 속에서 나 홀로

일본 홋카이도 토마무 스키장

슬로프 밖의 새로운 세상을 경험한 후로 나는 또다시 열병에 걸려버렸다. 이번에는 오프피스테 파우더 라이딩이라는 열병이었다. 일본스키장의 슬로프에 아무리 사람이 없고 황제스키를 탈 수 있다 해도 야생의 짜릿함을 느낀 후로는 영 밋밋할 뿐이었다. 그날 이후 스노보드 원정의 기준은 오프피스테를 탈 수 있느냐 없느냐였다.

일본스키장이라 해서 모두 슬로프 외 활주를 허용하는 것은 아니었다. 대부분의 스키장은 슬로프 밖으로 나가는 것을 금지했고, 한때 키로로 스키장은 슬로프 외 활주 시에는 리프트권을 압수하기도 했다. 하지만 오프피스테 라이딩을 모토로 삼는 곳도 있었다. 니세코는 일부 산사태 위험지역을 제외한 모든 구역에서 스노보드를 탈 수 있었고, 루스츠도 스키장 구역 내에서는 슬로프 외 활주를 전면 허용했다. 토마무 스키장의 경우도 미리 등록을 하면 어느 곳이든 마음대로 갈 수 있었다.

그사이 나는 결혼을 했고, 아내와 같은 취미를 공유하고 싶은 마음에 스노보드를 가르쳤다. 비기너 턴을 배우자마자 일본으로 갔다. 홋카이도 토마무 스키장이었다.

토마무 스키장은 가족형 리조트 스키장으로, 스키장 외에도 수영장, 기린노유 온천, 아이스 빌리지 등 놀거리, 볼거리가 많아 연인이나 가족이 오기에 좋은 곳이다. 또한 스키 초보자가 와도 좋을 정도로 슬로프가 잘되어있었다. 비기너 턴밖에 할 줄 모르는 아내도 곤돌라를 타고 올라가 4,500미터에 이르는 긴 초보자 코스를 내려갈 수 있었다. 길고 완만한 슬로프를 부드러운 눈 위에서 미끄러져 가는데 주변에는 아무도 없이 우리 둘만 내려가는 그 기분은 낭만적이기까지 했다. 아내도 그때의 기억을 잊지 못한다.

물론 슬로프의 상태도 매우 좋았지만, 한번 오프피스테의 참맛을 느끼고 나니 자꾸 슬로프 밖으로 나가고 싶었다. 하지만 이번에는 나 혼자였다. 비기너 턴만 하는 아내를 야생의 눈으로 끌고 들어갈 수는 없는 일이었으니까. 한참 고민을 하던 내게 아내는 다녀오라고 용기를 북돋워줬다. 어차피 내려오는 지점은 같으니 나는 오프피스테를 타고 아내는 초보슬로프로 내려와 아래에서 만나자는 것이었다.

아내의 배려에 힘을 얻어 나는 혼자서 슬로프 밖으로 빠져나왔다. 스키장 내의 구역이었고 이미 리조트에 오프피스테 라이딩 등록을 해 놓았기 때문에 위험할 일은 없었지만, 그래도 혼자 숲 속으로 들어가는 것이 처음이라 긴장됐다. 당시의 토마무 스키장은 슬로프 밖을 타는 사람들이 별로 없었다. 그래서인지 조금만 숲 속으로 들어가도 아무도 지나가지 않은 새하얀 눈이 펼쳐졌다. 무릎까지 푹푹 빠지는 눈 위에서 스노보드를 달리면 엣지 옆으로 하얀 커튼이 펼쳐지듯 눈이 흩뿌려졌다. 여전히 야생의 눈은 낯설었지만, 니세코에서의 경험 때문인지 많이 넘어지지 않고 잘 미끄러져 내려갈 수 있었다. 나무 사이사이를 요리조리 지나가는 것도 묘미였다. 약간의 긴장과 흥분으로 가슴이 두근거렸고 익숙하지 않은 라이딩을 하느라 이마에는 땀이 송송 맺혔다. 항상 느끼는 거지만 야생의 눈에서 달리는 기분을 말로 표현하기는 참 힘들다. 내 표현력의 한계를 절실히 느끼곤 한다.

몇 번을 오르내리며 달리던 나는 지쳐 잠시 주저앉았다. 가쁜 숨이 하얀 입김이 되어 피어올랐다. 푹신한 눈 안에 앉아 주변을 둘러봤다. 나무숲에는 나밖에 없었다. 슬로프도 리프트도 보이지 않는 나무 사이에 앉아 숨을 고르고 있는 나는 완벽하게 사회에서 고립되고 시간을 벗어난 상태였다. 생각해보니 이렇게 세상과 차단되어 오롯이 나만의 공간과 시간을 갖는 것이 얼마 만인가 싶었다. 어쩌면 나는 이런 시간을 위해 스노보드를 타는 건지도 모른다. 남들과의 경쟁에 지치고 북적거리는 사람들 속에서 피로해진 나는 일탈을 꿈꿨던 것 같다. 고요한 숲 속의 보내는 나 혼자만의 시간은 나에게 있어 충분한 휴식이었고 힐링이었다.

안녕, 치세누푸리

일본 홋카이도 치세누푸리 스키장

한때 일본에는 700개가 넘는 스키장이 있었다. 버블경제 시절, 넘쳐나는 돈을 주체하지 못한 일본인들은 각종 테마파크와 스키장을 건설해댔다. 눈이야 넘쳐나는 곳이니 리프트 하나만 세우면 스키장 만드는 건 일도 아니었다. 물론 규모가 크지는 않았다. 리프트 한두 개로 운영하는 곳도 많았다.

90년대 초반 버블경제가 붕괴하면서 일본은 침체기에 빠져 장기 불황에 허덕였다. 이왕 만들어놓은 스키장이니 운영은 지속했을 것이다. 하지만 지은 지 20여 년이 지난 지금, 리프트는 노후하여 보수 및 수리를 해야 할 시점이 되었다. 막대한 비용을 감당하지 못한 스키장들은 리프트 운영을 중단하고 문을 닫았다. 치세누푸리도 그중 하나였다.

2013년 2월, 니세코에서 토모 형과 함께 스노보드를 탔다. 치세누푸리라는, 리프트가 하나밖에 없는 작은 스키장이었다. 홋카이도 최대 규모의 니세코 유나이티드 스키장을 두고 리프트 하나짜리 스키장에 간다 하니 의아할 만도 했지만, 믿고 따라가기로 했다. 차를 타고 25분 정도 달려가니 조그만 건물이 나왔다. 온천과 스키장이 함께 있는 치세누푸리였다.

리프트를 타고 올라가니 사람도 얼마 없었다. 슬로프를 한 번 탄 후 그는 우리를 나무숲으로 인도했다. 듬성듬성 자란 나무 사이로 푹신한 눈이 가득 쌓여있었다. 넘어져도 전혀 아프지 않았고 일어나면 허벅지까지 눈에 파묻혔다. 마치 파도를 타듯 비틀거리다 앞으로 고꾸라지기 일쑤였다. 힘이 들어 땀이 송송 맺혔지만 정말 즐거웠다. 작은 스키장이라고 얕봤는데, 리프트의 숫자는 무의미했다. 이곳에는 나무숲 사이로 달릴 수 있는 다양한 야생의 코스가 존재했으니까.

점심 먹을 시간이 되자 그는 우리를 다른 코스로 이끌었다. 아래를 내려다보자 장관이 펼쳐졌다. 커다란 연못에서 더운 김이 무럭무럭 솟아올랐다. 치세누푸리 온천의 원천이었다. 온천수가 쏟아져 나와 호수를 이룬 보기 힘든 풍경이었다. 온천 옆으로 난 조그만 길을 따라 조심조심 내려왔다. 깊이가 꽤 깊어서, 미끄러져 온천에 빠지기라도 하면 큰일이었다.

스노보드 라이딩을 마치고 노천탕에 몸을 담갔다. 그곳에서는 우리가 내려왔던 산을 그대로 조망할 수 있었다. 하늘에서 내리는 눈송이를 얼굴에 맞으며 온천탕 안에서 마시는 맥주는 그 자체로 환상이라 말할 수 있지 않을까.

가장 강렬하고 아름다운 기억으로 남아있는 치세누푸리 스키장은 우리가 다녀온 겨울 이후 리프트 보수비용을 감당하지 못하고 운영을 종료했다. 몇몇 기업에서 인수를 타진한 바 있으나 결국 성사되지 않았다 한다. 현재는 온천만이 명맥을 유지하고 있다.

작년 여름 니세코에 갈 일이 있어 치세누푸리 온천에 잠깐 들렸는데, 스키장은 여전히 영업계획이 없고 온천탕은 리모델링을 해 높은 벽이 솟아있었다. 온천에 몸을 담그고 눈을 감아보니, 내 추억의 일부가 사라지는 것 같아 마음이 좋지 않았다.

현재 일본에는 500여 개의 스키장이 있다. 치세누푸리처럼 많은 스키장이 영업을 종료했고, 앞으로도 숫자는 더 줄어들 것이다. 누군가의 기억에 남아있는 추억도 사라지리라. 아쉽지만 어쩔 수 없다. 세상은 변하기 마련이니까. 잊힐 듯 사라질 듯 외줄타기를 하며 좁은 구석에 남아있는 기억이 가장 아름답다는 말이 떠오른다. 치세누푸리는 내게 그런 소중함으로 남아있다. 언젠가 치세누푸리의 리프트가 다시 움직이는 날, 흰 눈이 소복이 쌓인 기억을 꺼내 다시 한 번 펼쳐볼 기회가 있었으면 싶다. 그때까지 잠시, 안녕, 치세누푸리.

백두산에서 스노보드를 타다

백두산 국제 천연 스키장

해외 스노보드 원정을 다니면서 친구들과 우스갯소리를 하곤 했다. 우리나라가 통일만 되면 정말 환상적인 일이 벌어질 거야. 개마고원에서, 백두산에서 스노보드를 타면 얼마나 재미있을까? 우리나라에서도 인공설이 아닌 자연설에서 파우더 라이딩을 할 수 있지 않겠냐며 웃었다. 그때는 그저 농담일 뿐이었다.

그런데 알고 보니 실제로 그게 가능했다. 백두산에 자연설로 운영되는 스키장이 있다는 것이었다. 백두산에서 스키를 타고 왔다는 글들이 올라왔고, 여행사에서도 백두산 스키 상품을 판매하기 시작했다. 우리나라에서 제일 높은 산, 백두산. 그곳에서 스노보드를 탈 수 있다면 그만큼 좋은 일이 어디에 있을까. 나는 곧바로 여행사에 견적을 의뢰했다. 그리고 그해 겨울, 중국으로 향하는 비행기에 몸을 실었다.

인천 공항에서 중국 장춘 공항까지는 2시간밖에 걸리지 않았다. 하지만 오후 1시경에 공항에서 백두산 완다리조트로 향하는 버스를 타 숙소에 도착한 시간은 저녁 9시였다. 이때만 해도 장춘 공항에서 완다리조트까지 가는 고속도로가 뚫려있지 않았다. 정말 신물이 날 정도로 버스를 탔다. 다행히 지금은 고속도로가 뚫려 3시간 반 정도면 도착할 수 있다고 한다.

지친 몸을 이끌고 숙소인 홀리데이인 호텔 객실로 들어갔다. 짐을 대충 풀어놓고 호텔 구경이나 할 겸 로비로 나왔다. 마침 크리스마스 시즌이라 로비 중앙에는 불빛이 찬란한 크리스마스트리가 세워져있었고 아래에는 선물상자가 가득 쌓여있었다. 아기자기한 소품들로 장식해놓은 로비는 한국이나 일본의 호텔에 비해 전혀 뒤떨어지지 않았다.

다음날 아침, 원정 일정이 시작됐다. 완다리조트는 중국의 거대 그룹 완다에서 만든, 4개 기업의 8개 호텔이 들어서 있는 대규모 리조트였다. 산을 둘러싼 형태로 호텔이 개발되었는데, 그 산을 스키장으로 조성한 것이 만달 스키장이다. 첫날은 만달 스키장을 이용하고, 다음날 백두산에 가는 일정이었다. 만달 스키장은 국내 스키장과 엇비슷한 규모였다. 처음으로 경험해보는 중국 스키장이라 기분이 싱숭생숭했다. 베이스의 설질은 제설로 이루어진 인공설이었고, 국내 스키장의 설질과 비슷했다.

곤돌라를 타고 올라가며 바라보는 풍경은 다소 을씨년스러웠다. 넓은 벌판에 호텔만 모여 있는 풍경은 일본과 다를 것이 없었지만, 그래도 만달 스키장만의, 다른 스키장 어디에서도 볼 수 없는 멋진 풍경이 있었으니, 그것은 바로 백두산을 바라보며 스노보드를 탈 수 있다는 것이었다. 멀리 구름에 가린 완만한 산이 보였다. 백두산이 우리나라에서 가장 높은 산이다 보니 에베레스트처럼 우뚝 솟아있을 것 같지만, 백두산은 높을 뿐만 아니라 넓기도 했다. 그렇기에 멀리서 바라보면 오히려 밋밋해 보였다. 백두산을 손으로 가리키며 옆에 있던 스키장 직원에게 '저 산이 백두산이 맞느냐'고 물었다. 중국인 직원은 아무런 대답을 하지 않았다. 재차 물어도 아무런 대꾸가 없었다. 내 발음을 못 알아들은 건가 싶다가 문득 떠오르는 게 있어 질문을 바꿨다.

"저 산이 창바이산(장백산長白山)입니까?"

그는 그제야 고개를 끄덕였다. 빌어먹을. 수많은 한국인 관광객들이 이곳을 거쳐 갔을 텐데 그가 백두산이라는 단어를 모를 리 없었다. 백두산이 대한민국이 아닌 중국의 영토임을 주장하기 위해 알면서도 모른 척했다는 게 괘씸했다. 입맛이 씁쓸했다.

다음날 아침 8시, 모두 각자의 스키와 스노보드를 들고 로비에 모였다. 드디어 백두산으로 스키를 타러 가는 날이다. 버스 두 대가 준비되어 있었다. 스키 장비들을 모두 실은 버스는 천천히 리조트를 빠져나갔다. 완다리조트에서 백두산 서파 입구까지는 차로 30분 정도 걸렸다. 눈이 많이 쌓여있지는 않았지만, 잔뜩 얼어붙은 도로는 꽤나 미끄러웠다. 우회전을 하던 버스의 바퀴가 헛돌았다. 얼어붙은 진창에 빠진 것이다. 운전수는 가속페달을 밟아 빠져나오려 했지만, 소리만 요란할 뿐 빠져나올 기미가 보이지 않았다. 다들 불안한 표정으로 고개를 빼고 아래쪽을 내려다봤다.

"내려서 밀어줍시다."

앞에서 누군가 말했고, 다들 우르르 내렸다. 진창에 빠진 바퀴는 맹렬히 헛바퀴만 돌리고 있었다. 건장한 남자들이 들러붙어 밀자 금세 버스가 빠져나왔다. 우리나라에서는 쉽게 경험할 수 없는 일이기에 다들 키득거렸다. 잠깐이었는데 몸에 한기가 느껴졌다. 손으로 팔을 쓸어대며 버스에 올랐다.

30분을 달려 도착한 백두산 서파 입구에는 아쉽게도 백두산이 아닌 장백산이라는 이름이 붙어있었다. 가이드가 입장권을 구하러 간 사이 건물 밖에서 기념촬영을 했다. 다들 한껏 기대에 찬 모습이었다. 가이드가 직원과 함께 나타나자 알록달록한 옷을 입은 스키어와 보더들이 길게 줄을 섰다. 서파 매표소를 지나 쭉쭉 솟은 나무 사이로 걸었다. 다시 한 번 버스를 갈아탔고, 30여 분 후에 스키장에 도착했다. 스키장이라고 해봐야 통나무 건물 몇 개가 전부였고, 알 수 없는 한자가 적힌 깃발이 펄럭일 뿐이었다. 나는 주위를 둘러봤다. 내가 생각했던, 높디높은 백두산은 보이지 않았다. 구름인지 안개인지 모를 것에 뒤덮인 완만한 설산이 저 멀리 보였는데, 그것이 백두산 정상이 아닐까 싶었다. 하지만 어느 봉우리가 정상이든 별 상관없다는 생각이 들었다. 나는 이미 백두산 위에 서 있었으니까.

백두산 서파 스키장은 자연보호를 위해 리프트나 곤돌라를 설치하지 않았기에, 정상에 올라갈 수 있는 유일한 방법은 스노모빌이었다. 스노모빌이 손님을 태우고 차례로 출발했다. 스노보드를 뒷좌석에 등받이처럼 올려놓고, 운전하는 직원 뒤로 두 명이 나란히 끼겨 탔다. 앞사람의 허리를 꼭 잡으니 스노모빌이 출발했다. 스키장을 여러 군데 다녔지만, 스노모빌을 타는 것은 처음이었다. 백두산 정상을 향해 이어진 눈길을 따라 거침없이 내달렸다. 가끔 굴곡을 타고 넘을 때는 몸이 살짝 떠오르기도 했다. 얼굴을 스쳐가는 차가운 바람은 스노보드를 타는 것과는 또 다른 재미였다. 나무들이 휙휙 지나갔고 바닥의 진동은 그대로 엉덩이를 타고 올라왔다. 주위 풍경을 바라보며 재미있어하는 것도 잠시, 영하 20도를 넘어가는 백두산의 바람에 얼굴 살갗이 얼어붙는 것만 같았다. 자연스럽게 앞사람의 등에 얼굴을 파묻고 바람을 피할 수밖에 없었다.

10여 분 정도 달렸을까. 스노모빌이 정차했다. 허리 뒤에 꽂아놓았던 스노보드를 집어 들고 주위를 둘러봤다. 자욱한 안개가 낀, 눈 덮인 돌산 위에 사람들이 서있는 것이 보였다. 직감적으로 저곳이 백두산의 정상이라는 것을 느꼈다. 경사가 생각보다 가팔라 한 발 한발 디디며 겨우 올라갔다. 이미 사람들은 여기저기에서 기념사진을 찍고 있었다. 드디어 말로만 듣던 백두산 천지를 목격할 시간이었다. 한라산 정상에 갔을 때에는 백록담 물이 말라 제대로 보지 못했는데, 천지는 물이 얼어 있을 테니 그럴 걱정이 없었다. 정상에 올라 천지를 내려다보았다. 그리고 황망함에 그대로 서 있을 수밖에 없었다.

천지가 보이지 않았다.

자욱한 안개 때문에 천지가 보이지 않았다. 보이는 것이라고는 낭떠러지의 끝자락뿐. 그 아래는 온통 희뿌연 안개였다. 하얀 입김만이 내 마음처럼 갈 곳을 잃고 흩어졌다. 문득 예전에 들었던 농담이 떠올랐다.

"천지가 왜 천지인지 아십니까? 백두산 정상에 올라도 천지를 못 본 사람이 천지라서 천지라 부르지요."

안개는 도무지 걷힐 기미를 보이지 않았다. 그렇게도 보고 싶었던, 민족의 영상 백두산 천지는 안개에 가려 아무것도 보이지 않았다. 보고 싶었다. 정말 보고 싶었다. 하지만 볼 수가 없었다.

어쩔 수 없이 보이지 않는 천지를 배경으로 기념촬영을 했다. 처음에는 좀 당황했지만, 그렇다 해도 여기가 백두산 정상인 것은 틀림없으니 실망할 필요가 없다고 생각했다. 사진을 찍은 후에도 한참이나 낭떠러지 끝에 서서 아래를 내려다봤다. 아쉬운 마음이 들었고, 민족의 영상이라는 백두산 정상에 조금이라도 더 오래 있고 싶기도 했다.

하지만 영하 수십 도에 이르는 추위에는 당할 재간이 없었다. 장갑을 끼고 있음에도 불구하고 손이 꽁꽁 얼었고 스마트폰 배터리는 얼어붙어 전원이 꺼졌다. 온몸을 엄습하는 혹한에 사람들은 하나둘씩 정상에서 내려와 라이딩을 준비했다. 어쩔 수 없이 나도 내려와 스노보드 바인딩을 체결했다. 다들 출발하는 것을 기다렸다가 백두산 정상을 한 번 돌아보고, 천천히 미끄러져 내려오기 시작했다.

그런데 뭔가 이상했다. 스노보드가 꽉 고정되지 않고 휘청거리는 느낌이었다. 도대체 뭐가 문제인 거지? 내려오다 말고 길 한편에 멈춰 서서 부츠를 확인했다. 이럴 수가. 부츠 끈이 덜렁거리고 있었다. 천지를 본다는 흥분에 부츠 끈을 묶는 것을 깜빡했는데, 백두산의 혹한으로 부츠가 꽝꽝 얼어 단단해지니 마치 묶은 것처럼 착각한 것이다. 화급히 주저앉아 스노보드 바인딩을 푸는데 사람들이 저 멀리로 사라졌다. 백두산은 초행인 데다 리프트도 없는 곳이라 일행과 떨어져 길을 잃었다가는 곤경에 빠질 수 있었다. 부츠 내피를 조일 틈이 없어 외피 끈만 조이는데 그마저도 얼어붙어 쉽지 않았다. 주먹으로 외피를 내리쳐가며 끈을 조였다. 벌떡 일어나 달려보니 불안정하나마 라이딩이 가능했다. 이미 사람들은 보이지 않았다. 잠시 숨을 돌린 후 나는 그들을 찾아 달리기 시작했다.

겨우 일행을 찾아냈다. 스노모빌을 타고 이번엔 반대편 정상 쪽으로 올라갔다. 진정한 백두산 라이딩의 시작이었다. 질 좋은 눈을 찾아 야생의 백두산을 내달렸다. 슬로프라고 할 것도 없는, 정말 그 누구도 지나가지 않은 하얀 세상이 펼쳐져있었다. 워낙 높은 곳이라 나무가 거의 없었고, 계곡에는 날려 온 눈이 가득 쌓여 허리까지 빠졌다. 중간 지점까지 내려와 다시 스노모빌을 타고 올라왔다. 이번에는 다른 사면을 탔다. 사람들은 여기저기로 뿔뿔이 흩어졌고 나는 숨이 가빠 잠시 언덕 위에 주저앉아 숨을 골랐다. 고개를 들었지만 아무도 시야에 보이지 않았다. 깊게 숨을 들이마시니 차가운 백두산의 공기가 폐로 들어왔다. 안개에 싸인 완만한 설산이 눈에 들어왔다. 백두산에, 나 혼자 덩그러니 남겨져 있었다.

가만히 손으로 눈을 움켜줬다. 백두산의 눈이었다. 우리나라에서 가장 높은 산, 우리 민족의 영산 백두산의 눈을 가만히 쓸어보았다. 백두산 정상에서도 느끼지 못했던 감정이 갑자기 밀려와 가슴이 벅찼다. 천천히 몸을 일으키고 엉덩이에 묻은 눈을 털었다. 그리고 다리에 힘을 줘 활강을 시작했다. 여기는 백두산이었다. 농담처럼 말하던 그곳, 통일이 되면 달려보고 싶었던 그곳. 혹한 속에서도 가슴에 뭔가 뜨거운 것이 올라오는 것 같았다. 흰 눈을 가르고 바람을 스치며, 백두산에서 스노보드를 탔다.

일본스키장 계의 엄친아

일본 홋카이도 루스츠 스키장

나는 스마트폰에 동영상 하나를 꼭 넣어가지고 다닌다. 다름 아닌 내가 일본에서 파우더 라이딩을 하는 장면이다. 사람들을 만나다 보면 간혹 스키나 스노보드 이야기가 나올 때가 있다. 내가 해외에서 스노보드를 탄다는 이야기를 하면 사람들이 관심을 보이는데, 말로 표현할 방법이 없어 아예 동영상을 보여준다. 나무 사이를 달리는 내 모습에 사람들은 이런 곳에서도 스노보드를 탈 수 있느냐며 신기해했다. 그 중 일부는 내 꾐에 빠져 아예 일본 등으로 직접 원정을 가기도 했다.

대학 후배 정준이도 마찬가지였다. 내가 보여준 동영상을 보고는 "저도 꼭 데려가 주세요!"라고 외쳤던 이 중 하나인데, 몇 번 같이 가려고 했으나 상황이 여의치 않아 못 가다가 3년 만에 겨우 원정을 가게 됐다. 홋카이도 루스츠 스키장이었다.

어린 시절 일본에서 몇 년간 지낼 기회가 있었던 그는 아직도 기본적인 일본어 회화가 가능하고 일식을 좋아하지만, 당시에는 일본스키장에 가볼 일이 거의 없었단다. 몇 번 가보기는 했지만, 슬로프만 탔기 때문에 큰 감흥을 느끼지 못했고, 워낙 어릴 때의 일이라 기억도 잘 안 난다 했다. 오랜만의 일본행이라 그런지 그는 다소 들떠있었다. 홋카이도 신치토세 공항에 도착해 루스츠로 가는 버스를 탔다. 한참을 달린 버스는 휴게소에서 멈춰 섰는데, 휴게소 지붕에 하얀 눈이 가득 쌓여있었다. 이리저리 사진을 찍던 그는 밝게 웃었다.

"형, 저는 여기만 해도 좋은데요?"

사진을 한 장 찍어주고 다시 버스에 올랐다. 버스는 금세 루스츠에 도착했다.

평소에는 일본스키장에 도착해도 야간 스키를 타지 않는 편이었는데, 올해 첫 라이딩이라 감도 잡아야 하고 정준에게 야간 스키 경험도 시켜줘야 할 것 같아 숙소에 도착하자마자 옷을 갈아입고 슬로프로 나섰다. 루스츠 스키장에는 크게 세 구역이 있는데 이조라, 이스트, 웨스트였다. 호텔과 붙어있는 웨스트 구역은 규모가 크지 않아 상대적으로 소외된 구역이었지만, 이스트와 이조라 산을 바라보며 라이딩을 할 수 있어 좋았다. 리프트 대기시간이 짧아 쉬지 않고 달릴 수 있었고 설질도 매우 좋았다. 오랜만의 라이딩이라 정준이도 나도 한참 동안 들떠서 신나게 쏘다녔다. 정준이가 흥분해서 말했다.

"형! 여기 너무 좋은데요?"

"벌써부터 그러지 마. 내일은 더 좋을 거야."

그는 믿지 않는 눈치였다.

다음날 아침, 퍼스트트랙 서비스로 제일 먼저 이조라 정상에 올랐다. 퍼스트트랙이란 스키장이 개장하기 전에 미리 이조라 정상에서 스키를 탈 수 있게 하는 서비스였다. 퍼스트트랙 서비스를 미리 신청해둔 덕에 아무도 건드리지 않은 눈을 독점할 수 있었다. 정설이 잘되어 있는 최고의 설질을 신나게 달렸다. 세찬 바람 소리가 귓가를 스쳐지나가고 뒤에서는 정준이의 환호 소리가 들려왔다. 아무도 없는, 아무도 가지 않은 슬로프를 우리 둘만 달리는 그 기분은 뭐라 설명하기 힘들 정도였다. 다시 리프트를 타고 올라와 슬로프 밖으로 직행했다. 무릎까지 빠지는 파우더 눈을 헤치고 스팀보트 A, B 코스를 누볐다. 정준은 완전 흥분상태였다. 내가 보여준 동영상을 보기는 했지만 직접 경험해보니 보는 것과는 전혀 딴판이라 했다. 데리고 온 보람이 있었다.

다음날도 설질은 최고였다. 신설이 가득 쌓인 데다 날씨까지 좋아 더할 나위가 없었다. 이번에는 손님이 찾아왔다. 니세코에 안 가고 루스츠 간다고 했더니 니세코의 토모 형이 아예 루스츠까지 찾아왔다. 유보더 님과 키쿠 씨와 함께.

키쿠 씨가 루스츠에서 일한 적이 있어서 파우더 코스를 잘 알았다. 자연스럽게 리드를 했고 우리는 그를 뒤따랐다. 어제 다녔던 길과는 전혀 다른 곳으로 우리를 인도했는데, 정말 놀라운 코스가 많았다. 정말 쉬지 않고 미친 듯이 타다 보니 오후 3시쯤 되자 허벅지에 힘이 들어가지 않았고 다리는 후들거렸다.

엄친아라는 말이 있다. '엄마 친구 아들'이라는 뜻인데, 모든 면에서 뛰어난 이를 비유하여 표현한 말이다. 일본스키장 계의 엄친아를 꼽으라면 나는 루스츠 스키장이라 말하고 싶다. 방대한 규모에 설질도 좋고 오프피스테 코스도 훌륭하다. 놀 거리도 많고 노천탕도 있고 음식도 맛있다. 다만 단 한 가지의 단점이 있다면 숙박료가 좀 비싸다는 것뿐.

세상에는 좋은 스키장이 참 많구나 하는 생각을 했다. 하지만 한편으로는 헛헛한 마음도 있었다. 화려하고 멋지고 단점을 꼽지 못할 정도로 완벽한 스키장이지만, 그렇기에 외국인을 비롯한 수많은 라이더들이 몰려드는 곳이기도 했다. 어느새 나는 또 작은 경쟁을 하고 있었다. 누구보다 늦지 않게 정상에서 첫 번째 라이딩을 하려 했고, 파우더가 망가지기 전에 미친 듯이 설산을 누볐다. 나는 파우더라는 또 다른 울타리에 갇혀 있었다.

世界最大ログハウスの里

길을 잃다

일본 홋카이도 니세코 유나이티드 스키장

그것은 어쩌면 가벼운 우울증이었을지도 모르겠다. 비행기를 타기 전부터 울적했던 마음은 홋카이도 굿찬에 이르러서도 좀처럼 기지개를 켤 기미를 보이지 않았다. 굳이, 꼭 열거해야만 한다면 늘어놓을 핑계는 많았다. 혼자 떠나는 여행은 흥이 덜 나기 마련이며, 폭신한 파우더를 기대하며 떠난 여행이었지만 하필이면 일주일 전부터 눈 소식이 없던 탓에 설질은 기름칠한 가죽마냥 반들거렸다. 오프피스테 라이딩도 몇 년 해보니 좀 시들하더라는 이유도 댈 수 있었다. 하지만 그 어느 것도 절대적이지는 못했다.

나는, 그저, 조금 우울했을 뿐이다.

그 우울함의 이유를 대자면 또 수십 가지의 핑계를 댈 수 있겠지만, 그 또한 마찬가지로 시시한 변명일 것이다. 애초에 이유를 말할 수 있다면 그것은 진정한 우울이 아닐 터였다.

파우더 가이드 토모 형은 혼자 여행을 온 나에게, 니세코 히라후 스키장 인근이 아닌 그로부터 조금 떨어진 마을 굿찬에 숙소를 마련해줬다. 작은 비즈니스호텔이었다. 니세코 히라후는 워낙 사람이 붐벼 저녁식사도 미리 예약을 해야 하기에 불편할뿐더러, 어차피 토모 형의 가이드를 받기 위해 같이 이동해야 하니 숙박비가 저렴한 굿찬이 더 유리하다는 판단이었다. 나쁘지 않았다. 때마침 찾아온 우울증에 걸맞게 조용한 마을이었다. 우울함은 외로움을 그리워하기 마련이다.

다음날부터 모이와, 안누푸리 스키장 등지에서 스노보드를 탔다. 날씨가 맑은 탓에 풍경이 고스란히 그 자태를 드러냈다. 매번 구름에 가려 모습을 드러내지 않던 요테이 산도 이날만큼은 선명했다. 니세코의 설경은 아름다웠지만, 그 순백의 고요만큼 내 가슴도 하얗게 물들어갔다. 하루, 이틀이 지나도 가라앉은 기분이 떠오르지 않았다.

라이딩을 일찍 마치고 호텔로 돌아와 휘적휘적 굿찬의 거리로 나섰다. 목적지는 따로 없었다. 그저 걸으면 답답한 마음이 좀 해소되지 않을까 하는 얄팍한 바람이었다. 북적이는 스키장과는 달리 굿찬은 하얗고, 조용했다. 주택이 순서대로 줄지어있고 교차로를 지나면 또 다른 교차로가 나왔다. 어깨까지 올라오는 눈의 벽이 길의 경계를 구분했다. 알록달록한 옷을 입은 스키어나 보더는 커녕, 마을 사람조차 보이지 않았다. 눈 벽을 따라 걷고, 걷고, 걸었다. 얼마 지나지 않아 하얀 마을처럼 가슴이 바라졌고 머릿속도 희미해졌다.

얼마나 시간이 흘렀을까. 낯선 곳이 나왔다. 왔던 길을 되돌아가려는데 방향이 분간되지 않았다. 비슷비슷한 눈 벽과 사거리 사이에 갇혀버렸다. 어느 곳을 보아도 확신이 서지 않았다. 나는 깨달았다. 내가 길을 잃었다는 것을. 하지만 당황하지 않았다. 누군가는 넘어지는 것에 익숙하고 상처받는 것에 익숙한 것처럼, 나는 길을 잃는 것에 익숙했기 때문이었다.

천천히 돌아서 왔던 길을 따라 걸었다. 처음 보는 큰 길이 나왔다. 너무 멀리 온 것임에 틀림없었다. 다시 방향을 바꾸어 걸었다. 당황스럽기보다는 오히려 차분한 마음이었다. 돌이켜 생각해보면, 나는 그동안 길을 여러 번 잃었고 먼 길을 돌아온 적도 많았다. 길을 많이 잃어봤기 때문에 길을 찾는 법도 알고 있었다. 그 자리에 서지 말고 느린 걸음으로라도 걷다 보면 길은 나오게 마련이었다. 목적지가 있었다면 길을 잃은 것이었겠지만 목적지가 없었다면 그것은 잘못 온 것이 아니라 멀리 온 것일 뿐이다. 삶의 끝에 목적지라는 것이 과연 있을까. 지치지 않게, 천천히 걷고 걸었다. 다행히 나에게 시간은 많았다. 차가운 바람에 목덜미가 시릴 즈음 나는 내 자리를 찾아 돌아왔다. 한결 몸이 가벼워져 있었다.

다시, 제자리로

일본 홋카이도 카무이 스키링크스

키로로 스키장을 마지막으로, 나는 홋카이도 빅 5 스키장을 모두 경험하게 됐다. 니세코, 루스츠, 후라노, 키로로, 토마무는 각각의 매력을 가지고 있는 훌륭한 스키장이었다. 오프피스테 라이딩도 맘껏 즐겼다. 하지만 뭔가 지쳐가는 것만 같았다.

왜 그런 느낌이 들었나 곰곰이 생각해보니, 야마가타 자오에 처음 갔을 때가 생각났다. 그때는 그냥 슬로프만 타도 재미있었고 행복했었다. 남들과 경쟁하지 않고 오로지 슬로프에 나 혼자만 마음대로 달리던 그때가 그리웠다. 하지만 홋카이도의 스키장은 그렇지 못했다. 예전부터 호주인 등 백인들이 점령을 한 곳이었고, 최근에는 중국인과 동남아인들이 몰려들었다. 나는 또다시 경쟁을 하고 있었다. 남들이 건드리지 않은 눈을 찾아 바삐 움직이고, 파우더가 진창이 되기 전에 쉬지 않고 달렸다.

그러면서, 점점 지쳐갔다.

겨울은 다시 돌아왔고, 어느 곳으로 원정을 갈까 고민하던 나는

'카무이 스키링크스'라는 곳을 떠올렸다. 전에도 알던 스키장이었지만 나의 위시리스트에 올라오지 못했던 이유는, 일본스키장으로서는 규모가 작은 편이었으며 스키장 내에 호텔이 없어 아사히카와 시내에서 매일 40분간 출퇴근을 해야 한다는 단점 때문이었다. 마침 일본스키닷컴에서 카무이 스키장 상품을 내놓았고 고민 끝에 예약을 했다. 약간의 기대를 가지고 있었다. 규모가 작고 숙소가 없는 만큼, 아직 때가 많이 묻지 않았을 거라는 기대였다.

아사히카와에 도착한 첫날은 아사히야마 동물원을 방문하고 여유롭게 시내구경을 했다. 아사히카와는 홋카이도 제2의 도시지만, 인구가 30만밖에 안 된다. 우리나라로 치면 전북 익산이나 충남 아산 정도라 볼 수 있다. 삿포로만큼 화려하고, 복잡하지도 않았고, 오타루처럼 아름답지도 않았다. 하지만 그 수수함이 오히려 편안하게 느껴졌다.

둘째 날부터 카무이 스키장으로 셔틀버스를 타고 다니며 스노보드를 탔다. 역시 예상대로 사람이 많지 않았다. 규모는 작았지만, 슬로프 외 활주를 허용하고 있기에 숨어있는 재미난 코스가 많았다. 게다가 운 좋게 신설까지 많이 내려 정말 마음 편하고 신나게 스노보드를 탈 수 있었다. 말 그대로, 홋카이도의 숨은 보석이었다.

스키장 내에 호텔이나 리조트가 없다 보니 오후 3시쯤 되면 대부분의 사람들이 셔틀버스를 타고 집으로 갔다. 4시 30분 셔틀버스를 예약한 우리는 그야말로 아무도 없는 슬로프를 만끽할 수 있었다. 오후 4시가 되니 해가 지기 시작했다. 슬로프에 앉아 저물어 가는 해를 바라보며 많은 생각을 했다. 파우더도, 오프피스테도, 백컨트리도 궁극의 목적은 아니었다. 그저 내가 눈을 만나는 방식의 차이였을 뿐이다. 그런데 언젠가부터 나는 처음 눈을 만났던 그 시간들을 잊어가고 있었다. 스노보드를 처음 시작했을 때의 힘들고 어려웠던 순간들, 그리고 처음 턴을 성공했을 때의 희열, 일본스키장과 파우더 눈을 처음 만났을 때의 흥분, 처음 슬로프 밖으로 나갔을 때의 설렘. 내가 기뻐할 때도, 실망할 때에도 언제나 눈은 함께 있었다. 내 인생에 있어 눈을 만나지 못했더라면 지금쯤 나는 어떤 삶을 살고 있을까. 도무지 상상조차 되지 않는다. 인생은 선택의 연속이고 나 또한 여러 번의 선택을 해왔지만, 내 인생에서 가장 잘한 선택을 다섯 손가락으로 꼽아보라면 그중 하나는 다름 아닌 눈을 만난 것이다.

조용히 주위를 둘러봤다. 하얀 슬로프를 바라보니 오랜 친구를 다시 만나는 것 같았다. 눈은 그대로인데 변한 건 나였다. 그리고 그 먼 길을 돌아 다시 만난 눈은, 여전히 그대로의 모습이었다. 고맙기도 하고 미안하기도 했다. 가만히 눈을 손으로 쓸어보았다. 갑자기 가슴이 뭉클해 눈을 깜박일 수밖에 없었다.

旭川らぅめん 青葉

べてい

III. 눈에서 만나다

눈은 원천(源泉)이다 - 토모

인생은 대담한 모험이거나 아니면 아무것도 아니다.

Life is either a daring adventure or nothing.

-헬렌 켈러 Helen Keller-

홋카이도 오타루 역에 도착해 무거운 스노보드 캐리어를 끌고 개찰구에 나오니 차가운 바람이 목덜미를 훑고 지나갔다. 1년 만에 돌아온 오타루 역은 예전과 사뭇 다른 분위기였다. 작년에 오타루를 찾았을 때는 눈 축제 기간이었고, 몰려든 관광객으로 길과 거리가 북적였었다. 운하에는 촛불이 둥둥 떠 있고 인력거가 지나다니는 거리에는 사진을 찍기 위해 사람들이 여기저기에서 카메라를 들고 밝게 웃음을 짓곤 했다. 따뜻한 불빛이 새어나오는 식당에는 신선한 해산물 구이나 우동을 팔았다. 따뜻한 커피 한 잔에 손을 녹이며 인파 속을 걷는 기분은 낭만적이기까지 했다.

하지만 눈 축제가 끝난 지금, 자정이 넘은 시각의 오타루 역은 을씨년스럽기만 했다. 역무원 한 명 외에는 아무도 보이지 않았고, 출입구에서 새어 들어오는 바람에 몸이 움츠러들었다. 스노보드 캐리어의 바퀴 굴러가는 소리만 텅 빈 역 안에 울렸다. 인천 공항에서 오후 7시 비행기를 타고 홋카이도 치토세 공항에 도착해 JR 기차를 타고 오타루까지 오니 이 시간이 된 것이다. 피곤함에 눈을 비비며 역을 나왔다.

바깥 공기는 더욱 차가웠다. 하얀 입김을 뿜으며 주변을 살폈다. 인도 한쪽에서 담배를 피우던 남자가 나를 보고는 마지막 한 모금을 빨아들이고 불을 껐다. 담배 연기를 흘리며 걸어와 웃으며 손을 내밀었다. 두꺼운 점퍼에 민머리를 비니로 덮은 남자는 바로 토모였다.

"아이고, 오시느라 고생이 많으셨습니다."

"잘 지냈어요? 오랜만이네요."

"항상 그렇지 뭐. 보드 이리 줘."

그는 나에게서 스노보드 캐리어를 받아들고 한쪽에 주차해놓은 밴의 트렁크에 실었다. 차에서 털털거리는 소리가 났다.

"무슨 소리예요?"

"머플러가 고장 났나 봐. 고치러 갈 시간이 없어서 그냥 타고 있어. 이해 좀 해줘. 하하."

밴은 천천히 오타루 역을 빠져나갔다. 몇 개의 교차로를 지나니 도로가 어두워졌다. 니세코까지는 두 시간 정도 걸리는 거리였다.

자동차의 헤드라이트에 비친 도로 주변으로 눈이 쌓여있었다.

"니세코는 좀 어때요? 눈은 많이 왔나요?"
"그럭저럭."

이런저런 이야기를 나누다 보니 니세코에 도착했다. 작년에도 묵었던 롯지 코로폿쿠루 앞에 차를 세운 그는 내가 체크인하는 것을 도와주고는 내일 보자며 손을 들었다. 좁은 다다미방에 짐을 내려놓고 로비에 나가 자동판매기에서 음료수를 하나 뽑았다. 불이 꺼진 로비 소파에 앉아 주변을 둘러봤다. 작년과 변한 건 없었다. 생각해보니, 그를 처음 만난 곳도 거기였다.

토모라는 이름을 처음 듣는 사람은 그가 일본인이라 생각할 것이다. 그를 만나서 이야기를 나누면 유창한 한국어 때문에 재일교포일 거라 착각할 수도 있다. 하지만 그는 한국에서 태어났고 강남에서 자라 대학까지 나온 토종 한국인이다. 엄격한 집안에서 자란 것에 대한 반발심인지, 그는 얽매이지 않는 자유로움을 동경했다. 여행을 좋아하던 그는 대학 전공과 전혀 상관없는 여행업을 시작했는데 다름 아닌 오지 전문 여행사였다. 꼭 오지 전문 여행사를 세워야겠다는 생각을 했느냐는 질문에 그는 고개를 저었다.

"딱히 오지 전문 여행사를 차리겠다 하고 시작했던 건 아니었어.

여행을 좋아하는 선배들이 좀 있었지. 같이 의기투합해서 캄차카 반도에 몇 번 갔어. 지금이야 뭐 세계 어디든 누구나 갈 수 있지만, 그때만 해도 캄차카 반도에 여행을 가는 동양인은 거의 없었거든. 러시아 사람들이 우글대는데 머리 빡빡 민 동양인 한 놈이 스노보드 타고 돌아다니니 신기하게 쳐다보더라. 그 후로도 남들이 잘 가지 않는 곳을 많이 다녔어. 몽골을 여기저기 들쑤시며 다니기도 했고 그러다 보니 자연스럽게 오지 전문 여행사를 차리게 됐지. 캄차카에서도 사실 여행상품을 하나 만들었어. 그래서 손님도 몇 번 데려갔는데, 그때만 해도 거기 애들이 협조를 잘 안 했어. 분명히 헬기를 예약하고 갔는데 조종사가 손가락에 침 묻혀서 들어보더니 고개를 저어. 바람이 세게 불어서 헬기가 뜰 수 없대. 분명히 옆에 다른 헬기들은 이륙하고 있는데 자기는 위험해서 못 간대. 위험수당을 달라는 거지. 뭐 그런 식으로 뜯기다 보니 안 되겠더라고."

여행사는 그리 오래 가지 않았다. 당시 여행업계의 구조변화 및 항공권 수수료 변화 등의 이유가 있었지만 가장 큰 원인은 너무 앞서나갔다는 점이었다. 오지 전문 여행사가 정착할 수 있는 기반이 부족했다. 지금도 마찬가지지만, 그는 항상 남들보다 한 발자국 먼저 나아가는 사람이었다. 어쩔 수 없이 폐업을 하고, 이번에는 일본으로 넘어왔다. 일본의 시장을 조사하면서 스키장을 많이 다녔는데, 처음 갔던 곳은 나가노 하쿠바였다. 그도 스노보드를 잘 타긴 했지만, 흔히 '로컬'이라 부르는 지역민들의 실력을 따라갈 수는 없었다.

"나가노의 핫포네, 쓰가이케 같은 스키장을 돌아다니면서 놀았는데 정말 잘 타는 사람들이 많더라고. 한번은 오전에 라이딩을 하는데 어떤 애가 엄청난 빅에어를 뛰는 거야. 처음엔 선수인 줄 알았어. 정말 잘 타더라. 그런데 오후에 세븐일레븐에 갔는데, 어라? 그 녀석이 거기에서 아르바이트를 하고 있는 거야. 일본 로컬들의 실력이 그 정도였던 거지. 그냥 동네에서 평범하게 아르바이트하는 애 실력이 그 정도인 거야. 놀랍더라고. 그 후로 점점 북상을 했지. 니가타, 아키타, 아오모리 등등 여기저기 스키장을 다니다가 홋카이도로 넘어왔어. 삿포로에서 사업을 준비하고 있었기 때문에 가까운 테이네, 국제, 키로로, 루스츠, 후라노, 카무이, 아사히다케 등등 안 가본 데가 없었지. 어디를 가도 좋더라고. 정말 설질이 감동적이었어."

그때까지만 해도 니세코에 자주 여행을 오기는 했지만 정착할 생각은 전혀 없었다. 우연히 지인의 소개로 니세코에 거주하는 분께 3주간 신세를 지게 됐는데, 그때의 경험이 그의 인생을 완전히 바꿔놓았다.

"니세코 스키장의 나무숲을 여기저기 들어가 보니 지금까지 수

박 겉핥기로 다녔던 것과는 전혀 다른 감동을 느끼게 되더라고. 전혀 새롭고 깊은 파우더의 맛이었어. 그 전까지만 해도 사실 루스츠에 있으려고 했어. 루스츠도 오프피스테 코스가 좋은 게 많거든. 그런데 니세코에 와보니까 이건 뭐 상대가 안 되는 거야. 여기다 싶었지. 그래서 2010년 겨울에 짐 싸들고 들어왔어."

그는 니세코 정착 초기만 해도 '파우더 가이드'라는 직업의 필요성을 느끼지 못했다. 스키장에서 무슨 가이드를 받는단 말인가. 당연히 가이드 없이 마구 쏘다녔다. 그러다 보니 길을 잘못 들 때도 있었다. 엉뚱한 곳으로 내려가 스키장으로 돌아오는 길을 찾지 못해 몇 시간을 걸어 나오기도 했다. 시간도 낭비지만 체력소모도 심했고, 무엇보다도 위험하다는 것을 깨달았다. 이 지역에 파우더 가이드가 왜 존재하는지 깨닫게 되었고, 안전을 위해 그리고 좋은 눈을 달리기 위해 절대적으로 필요한 역할이라는 생각을 하게 됐다.

"그때만 해도 파우더 가이드라는 개념 자체가 한국 사람들에게는 거의 알려져있지 않았어. 초반 2년 정도는 나도 수입이 거의 없었지. 쉽지 않은 일이었어. 오프피스테 라이딩이 왜 재미있는지 설득해야 했고, 파우더 가이드를 받으면서 비용을 지불해야 하는 걸 사람들이 낯설어 했으니까. 당장의 이익만 바라보고 했다면 아마 그때 포기했을 거야. 하지만 나는 미래를 위한 투자라고 생각했어. 몇 년 하다 그만둘 거면 그렇게 못하지. 지금 당장 내가 손해를 보고 돈을 벌지 못해도, 파우더나 오프피스테 라이딩이 어떤 건지 사람들이 알기 시작하면 결국 몇 년 후에는 상황이 달라질 거라고 생각했어."

그의 생각은 적중했다. 그는 현재 니세코에서 파우더 가이드를 하며 숙박 및 송영 예약 대행서비스를 하고 있는데, 가끔은 파우더 가이드를 신청한 사람이 너무 많아 일손이 달릴 정도라 한다. 하지만 그는 선불리 가이드 클럽의 규모를 키우려 하지 않았다. 몸집만 불리는 것이 능사가 아니라는 생각 때문이다. 니세코 인근의 굿찬에서 '토모네포차'라는 한국 식당까지 운영하고 있으니 겨울만 되면 잠 잘 시간조차 부족하다 했다.

사실 토모네포차가 생기게 된 것도 나를 비롯한 한국인 손님들의 성화 때문이었다. 간혹 그와 저녁식사를 같이 할 때가 있었는데, 니세코 히라후 지역의 식당은 사람이 너무 붐벼 예약이 힘들 정도였다. 게다가 일식 아니면 양식뿐이었다. 느끼한 저녁식사를 하며 '여기에 떡볶이집 하나 내면 대박이겠다.'라고 농담처럼 얘기했었는데, 다음 해에 와보니 한 이자카야 메뉴판에 '고추장 불고기'가 올라와 있었다. 그가 레시피를 전수해 메뉴를 만든 것이었다.

"처음에는 노점을 할까도 생각해봤는데 허가받는 게 어렵더라고. 여기는 이것저것 허가받기 위해 챙겨야 하는 게 많거든. 그래서 이자카야 주인에게 얘기를 했지. 내가 레시피를 만들어 줄 테니까 같이 해보자. 근데 잘되지는 않았어."

결과는 좋지 않았다. 메뉴개발을 하고 레시피를 전수했지만 수익 정산이 원만하지 않았다. 결국 남 좋은 일만 해준 셈이었다.

"이러느니 그냥 내가 식당을 여는 게 낫겠다는 생각이 들더라고. 그래서 천천히 준비를 했어. 원래 니세코에 오픈하려고 했는데, 니세코는 겨울 한철 장사거든. 난 여기에 1년 내내 있는 사람이니까 좀 곤란하더라고. 그래서 굿찬에 식당을 열었지. 내가 혼자 자취를 오래 하다 보니까 음식을 꽤 잘 만들거든. 우리 어머니도 요리를 아주 잘하셔."

그가 한국 포차를 연다는 말을 듣고 나는 과연 그가 만든 음식이 맛이 있을까 의구심이 들었었다. 그런데 막상 토모네포차에 가서 맛을 보고 깜짝 놀랐다. 내가 기대했던 이상의 맛이었다. 토모네포차는 입소문을 타 현재 굿찬의 맛집으로 알려져 있고, 배우 양조위나 빅뱅의 대성이 다녀갈 정도로 많은 이들의 사랑을 받고 있다. 요즘은 메뉴가 하나 늘었는데 다름 아닌 꼬치구이다. 그의 일을 도와주는 또 한 명의 멤버 키쿠 씨가 꼬치구이를 아주 맛있게 굽는다. 키쿠 씨는 요코하마 출신으로 다소 수줍은 성격의 소유자다. 학창 시절부터 여러 가지 아르바이트를 했고 그중에서 가장 잘하는 것이 꼬치구이였다고 한다. 스노보드를 즐기다가 파우더를 찾아 니세코까지 오게 되었고, 토모네포차에서 일하기 전까지는 셔틀버스 운전, 농가의 아르바이트, 골프장 그린관리 등등을 전전했다고 한다. 그는 오전에 토모 씨를 도와 파우더 가이드를 하고 저녁에는 토모네포차에서 일을 돕는다.

"키쿠는 사실 우리 식당에 손님으로 왔어. 난 손님들하고 이야기도 많이 하니까 이런저런 얘기를 했는데 이 친구가 나중에 자기만의 꼬치구이 가게를 열고 싶다고 하더라고. 그래서 내가 스카우트 했지. 일단 여기에서 같이 해보자고."

순탄해 보이는 토모 씨의 니세코 생활에도 굴곡은 많았다. 처음에는 수입이 없어 걱정이었고 이제 좀 정착이 될까 싶을 즈음에 원전 사고가 터졌다.

"원전 사고 터졌을 땐 진짜 장난 아니었지. 사람들 다 한국으로 돌아가고 외국인은 찾아볼 수가 없었어. 나도 잠깐 고민하기는 했지. 그런데 뭐 어쩌겠어. 나는 니세코에 평생 있기로 마음을 먹었고 눈에 인생을 걸었는데 방사능이 무섭다고 도망갈 수는 없잖아. 그래서 그냥 있었어. 음식에 방사능이 들었네 어쩌네 하면서 다들 말이 많을 때에도 난 그냥 맛있게 먹었고. 사람들이 놀라더라고. 왜 한국에 안 갔냐고. 그래서 대답했지. 내 집이 여기인데 어디를 가냐고. 그 후로 사람들이 나를 여기 사람으로 인정해주는 거 같

BURTON

더라. 원전 사고가 잠잠해지고 한국으로 피신했던 사람들이 하나 둘씩 돌아와도 니세코 사람들은 뭐랄까, 약간의 배신감 같은 걸 느꼈던 모양인데 나에게는 그렇지 않았다고 하더라고."

그는 니세코의 눈에 인생을 걸었다. 그리고 그 길을 천천히 나아가고 있었다. 이미 실패를 경험한 탓인지 서두르려 하지도 않았다. 그는 차근차근 니세코에서 또 다른 꿈을 펼치려 하는 중이었다.

"처음에는 파우더 가이드를 받아보라고 하면 다들 의심의 눈초리로 나를 바라봤었어. 그때만 해도 파우더가 뭔지 오프피스테가 뭔지 개념조차 알려져있지 않은 때였으니까. 이제는 오프피스테 라이딩에 대한 사람들의 인식이 많이 달라져서 마음이 뿌듯해. 매 시즌 찾아주는 분들이 있어 보람이 있기도 하고. 파우더라는 개념이 한국에 알려지면서 니세코가 그 대표적인 장소로 여겨지게 된 것처럼, 니세코에 그 이상의 매력이 존재한다는 것을 알리고 싶은 욕심이 있지."

그는 앞으로 골프, 낚시 등 니세코의 즐거움과 아름다움을 알릴 수 있는 길을 찾아나갈 예정이라 했다. 마지막으로 그에게 눈이란 무엇인지 물어보았다.

"내 새로운 삶의 원천 같은 느낌이랄까. 니세코에는 좋은 온천이 정말 많은데, 그 온천이 흘러나오는 원천에는 항상 새로운 온천수가 솟아올라. 사업에 실패하고 니세코에 왔을 때 느꼈던 것은 내 인생의 새로운 원천을 만났구나 하는 생각이었어. 눈은 내게 있어 새로운 시작이었고, 가장 기다려지는 존재라고 생각해. 난 니세코의 눈에 인생을 걸었으니까."

눈에 인생을 걸다. 그 말이 한동안 머릿속을 떠나지 않았다. 무언가에 인생을 건다는 말은 얼마나 멋진 말인가. 특히나 아름다운 눈에 인생을 건다는 것은 그 말만으로도 설레는 것이 아닐까. 눈에 인생을 건 그는 지금도 여전히 니세코에서 눈과 함께 지내고 있다.

사진 제공 _ 토모
니세코365카페 _ http://cafe.naver.com/niseko365

눈은 생(生)이다 - 한왕식

결코 눈덩이를 던져보고 싶은 충동이 생기지 않으면,
당신은 노화의 손아귀에 꽉 붙잡힌 것이다.

The aging process has you firmly in its grasp if you never get the urge to throw a snowball.

-더그 라슨Doug Larson-

일본스키 관련 블로그를 운영하다 보니 간혹 문의가 들어올 때가 있다. 대부분 일본스키 여행을 처음 가는데 어디로 가야 할지, 어느 스키장이 좋은지, 예약은 어떻게 해야 할지 모르겠다는 질문이다. 그럴 때면 나는 이렇게 대답한다.

"일본스키 전문 여행사의 도움을 받으시는 것이 좋겠습니다."

귀찮아서 대답을 안 해주는 것이 아니다. 내가 지금까지 일본으로 스노보드 여행을 다니면서 내린 결론은, 잘 모를 때는 여행사에 문의하는 것이 가장 정확하다는 것이다. 아무래도 현지의 상황을 가장 잘 알고 있고, 직접 예약할 때 발생할 수 있는 수고와 오류를 예방할 수 있으며, 대부분의 경우 오히려 더 저렴하기 때문이다.

현재 운영하고 있는 일본스키 여행 전문여행사 중 단연 우위를 차지하고 있는 여행사는 일본스키닷컴이다. 일본스키닷컴은 ㈜호도트래블의 일본스키전문 브랜드이고, 2004년 오픈 이후 14년 연속 일본 스키 여행 송객 1위를 유지 중이다. 호도트래블이라 하여 처음에는 길을 좋아한다는 好道인줄 알았는데, 사실은 호텔 & 콘도미니엄의 뜻이라 한다.

무교동의 호도트래블을 찾아갔다. 비시즌이어서인지 비교적 한가해 보였다. 벽에 붙어있는 루스츠 스키장의 역동적인 스키어 사진과 벽걸이 선풍기의 조화가 아이러니했다. 한왕식 대표와 가볍게 인사를 나누고 인근의 닭갈비집에서 이야기를 나눴다. 한왕식 대표와 김지열 부장, 브라보재팬을 운영하다 일본스키닷컴에 합류한 김일환 상무가 함께했다. 김일환 상무는 김마담이라는 닉네임으로 알려져 있다.

국내에 여행사는 무수히 많이 있지만, 일본스키 여행 전문 여행사는 손에 꼽을 정도밖에 없다. 어떻게 일본스키 여행 전문 여행사를 만들게 되었는지가 궁금했다. 한왕식 대표는 코오롱 TNS라는 여행사에서 이미 뼈가 굵은 사람이었는데, 회사가 법정관리에 들어가면서 퇴사하게 됐다. 회사가 기울게 된 이유는 다름 아닌 '붉은악마'였다.

"저는 코오롱TNS에서 근무를 했어요. 도쿄지점장을 5년 정도 했었고 본부장을 하다가 회사가 어려워져서 퇴사를 했죠. 마침 일이 너무 힘들어서 좀 쉬고 싶었던 때였어요. 코오롱TNS가 2002년

한일월드컵 휘장사업자였고 4,000억을 투자해서 사업을 전개했는데, 한일 월드컵 이후로 회사가 기울었어요. 계약 당시 피파에서 제시한 기대매출이 4,000억이었어요. 프랑스 월드컵 때 매출이 7,000억이었거든요. 이번에는 한국과 일본에서 나눠서 하니까 매출 4,000억을 잡고 사업을 전개했는데 실제 매출은 300억밖에 안 나왔어요. 역대 월드컵 중에서 최악의 매출이었죠.

붉은 악마가 월드컵 붐을 일으키는 데 혁혁한 공을 세웠고 정말 큰 역할을 해줬지만, 그렇기에 우리나라 월드컵에 대한 모든 관심이 붉은악마에만 쏠린 거예요. 월드컵 자체가 축제가 되어야 하는데 우리나라가 16강에 가느냐, 8강에 진출하느냐만 관심이 있었어요. 하다못해 월드컵 공식 티셔츠조차도 안 팔렸어요. 다들 붉은 악마 빨간 티셔츠만 입었죠. 공교롭게도 공식 티셔츠에 빨간색이 없었어요. 나중에 부랴부랴 빨간색을 제작했는데 이미 늦은 시점이었죠. 다른 나라 경기 입장권도 거의 안 팔렸어요. 30% 정도밖에 안 팔리니까 무료로 학생들 동원해서 표 나눠주고 그랬죠. 그래서 월드컵 끝나자마자 빚더미에 앉아서 법정관리에 들어갔어요."

생각해보니 그 말이 맞았다. 우리는 술집에서, 광장에서 떼로 모여 대표 팀을 응원하고 빨간 티셔츠를 입고 몰려다녔지만 정작 월드컵 자체를 즐기거나 했던 기억은 없었다. 하다못해 기념품 하나를 샀다는 사람도 보지 못했다. 회사가 법정관리에 들어가자 그는 23년간 일했던 직장에 사직서를 제출했다. 그동안 일에 치여 심신이 지쳐있었기에 핑곗김에 회사를 나온 것이다. 하지만 휴식은 오래가지 않았다. 법정관리인이 구조조정을 하던 중 직원을 인수하지 않겠느냐고 연락을 한 것이다.

"아무 조건 없이 인수하게 해줄 테니 직원들만 데리고 나갈 수 있겠느냐, 그렇지 않으면 사업을 폐지하겠다 하더라고요. 직원들도 내가 인수해주기를 바라는 눈치였습니다. 그래서 제 동기가 운영하던 호도투어를 찾아갔죠. 내가 여기에서 이 직원들을 데리고 다시 시작해보겠다. 대신 나는 1년 동안 월급을 안 받겠다. 실제로 그랬어요. 1년 동안 일본 여기저기 알아보러 돌아다녔지만, 출장비고 뭐고 하나도 청구 안 하고 내 돈으로 일했어요."

그는 일본 스키 여행의 가능성을 점치고 있었다. 91년도에 일본 도쿄지점장으로 부임해 96년도에 한국으로 돌아올 때까지, 그는 일본의 스키 붐을 직접 눈으로 확인했다. 그는 그때의 일을 회상하면서 '어마어마했다'라고 표현했다.

"그때 일본의 스키 붐이 얼마나 대단했느냐 하면, 당시 도쿄에 대형 스키여행사 두 개가 있었는데 하나는 사미투어라는 데였고 또 하나는 빅홀리데이투어였어요. 주말 새벽에 도쿄역 야에스구치에 갔더니 버스가 한 100여 대가 쫙 늘어서 있는데 점퍼가 두 가지 색이에요. 빅홀리데이는 노란색 점퍼, 사미투어 애들은 초록색

점퍼. 직원들이 어마어마하게 나와 가지고 스키 여행 가려는 사람들 명단을 막 체크하면서 장비 싣고 버스에 태워 주는데, 정말 100대가 줄지어있었어요. 정말 어마어마했었어요. 나는 겨울에도 거의 주말마다 거래처와 골프를 쳤는데, 군마 쪽으로 골프 치러 갔다가 돌아올 때면 길이 엄청나게 막혔어요. 니가타에서 군마를 거쳐 도쿄로 이어지는 간에츠 고속도로를 통해 스키 타고 오는 차량들 때문이었죠. 그때는 시가 고원이나 하쿠바의 레스토랑은 2부제로 밥을 먹었어요. 한 번에 다 먹을 수가 없어서였죠."

그렇게 오랫동안 일본에 있으면서도 그는 일본스키장에는 거의 가본 적이 없었다 한다. 주말이면 접대골프를 치느라 바빴고 군마나 니가타의 스키장에 몇 번 가봤지만 큰 감흥은 없었다. 운명적인 만남은 98년도에 이르러서야 이루어졌다. 노진강 씨가 운영하던 나가노 하쿠바의 다테야마 산장에 갔던 것이 계기가 되었다. 한국으로 돌아와 일을 하며 스트레스를 받던 그는 98년 나가노 동계올림픽을 보고 일본여행을 가야겠다고 마음먹었다. 설 연휴에 일본 하쿠바로 가는 여행상품이 있었는데 알아보니 예약이 이미 마감된 상태였다. 항공권은 있는데 숙소인 다테야마 산장이 만실이었던 것이다. 대신 핫포네 스키장 앞에 있는 료칸으로 숙소를 잡고 여행을 떠나게 됐다.

"공항에서 버스를 탔는데 손님은 다 한국 사람이었고 열몇 명쯤 됐어요. 산장 주인인 노진강 씨가 운전을 했고요. 우린 숙소가 달랐는데 저녁에 놀러오라고 하더라고요. 저녁에 할 일도 없고 해서 택시를 타고 산장에 갔는데 정말 분위기가 좋은 거예요. 다들 어울려서 술도 마시고 그러다 보니 매일 밤 그 산장에 가게 됐죠. 한국으로 돌아오는 날에도 눈이 엄청나게 왔어요. 다테야마 산장에 가서 합류를 하려고 택시를 하나 불렀는데 비탈길을 올라가다가 그만 미끄러져서 전봇대를 들이받았어요. 어찌나 미안하던지. 어쩔 수 없이 100미터쯤 되는, 눈이 푹푹 빠지는 길을 짐을 끌고 올라갔죠. 저 위를 올려다보니 산장에 불이 켜져 있고 장비로 눈을 치우는 그런 모습이 보이는데, 그때의 기억을 잊을 수가 없어요. 너무 멋있고 아름답더라고요. 그래서 그 다음해부터 일 년에 두세 번씩 하쿠바에 갔고, 일본 출장을 다니면서 주말에 골프 약속 대신 여기저기 스키장을 찾아다녔어요. 그러다 보니 일본의 스키장을 모두 다 아우르는 여행사를 해봤으면 좋겠다는 생각을 하게 된 거죠."

마침 다니던 회사를 그만두고 직원들을 인수하게 된 그는 호도투어에서 일본스키 여행 전문 여행사를 설립할 꿈을 키우게 되었다.

"2002년 회사를 그만두면서 1년 동안 일본스키전문회사를 준비하는데 제일 큰 문제가 접근성이었어요. 일본스키장이 좋긴 좋은데 갈 방법이 없는 거예요. 그래서 일본 관광청 이주현 팀장을 찾아갔어요. 내가 일본스키 여행을 전문적으로 해보고 싶으니 좀 도와달라 했죠. 그랬더니 너무 반기는 거예요. 틀에 박힌 관광 말고 뭔가 새로운 것이 있었으면 싶었다는 거죠. 일본 관광청에서 뭘 하면 일본스키 여행이 활성화되겠냐 하기에 가장 중요한 것으로 공항에서 리조트까지 이동하는 차량만 해결해달라고 했어요. 그런 연유로 일본관광청에서 4년간 일본스키 상담회라는 프로그램을 도쿄와 요코하마에서 진행했는데 일본 전국에 있는 스키장 오너들, 호텔 사장들을 다 불렀죠. 제가 직접 강사가 되어서 한국의 스키어들이 일본스키장에 오게 하려면 교통편이 필요하다는 걸 끊임없이 설명했어요. 상담회 첫해는 한국의 여행사들만 초청을 했는데 2년 차부터는 30여 국가의 주요여행사를 초청하여 진행하는 행사가 됐죠. 제일 먼저 움직인 건 아오모리 현이었어요. 모야힐즈 스키장에서 송영버스를 제일 먼저 만들었고 그다음이 나쿠아 시카라미, 자오, 아키타 이런 식으로 해서 2년 만에 거의 모든 메이저급스키장에 송영버스 시스템이 만들어졌어요."

결국 현재 우리가 이용하고 있는 일본스키장의 송영버스 시스템은 그가 구축한 것이나 다름없었다. 그 공을 인정받아 문화체육관광부와 일본국토교통성이 주최한 '2008 한일관광교류의 해 선포식'에서 한일관광교류 대상을 받기도 했다. 공항에서 스키장까지 가는 교통편이 해결되자 사업은 순조로웠다. 일본스키닷컴은 2004년 오픈 이후로 올해까지 14년간 일본 스키 여행 송객 1위를 달성하고 있다. 일본으로 스키 여행을 떠나는 고객은 점점 늘어나고 있다고 한다.

"매년 일본스키 여행을 가는 사람이 늘고 있어요. 왜냐하면 자연설의 매력을 한 번 느끼면 다음 해에도 또 가게 되거든요. 지난 시즌의 경우 일본스키닷컴을 통해 가신 분들이 약 5,150명 정도에요. 전체 일본스키 여행 시장은 한 12,000-13,000명일 겁니다. 다른 일본스키 여행 전문 여행사들을 통해 가는 분들이 한 2,500명 정도 될 테고 하나투어나 여행박사 같은 종합 여행사를 통해 가는 분들도 2,500명 정도일 거예요. 그 외에 개별 예약해서 다녀오시는 분들이 2,000명 정도 될 겁니다."

그렇다고 매번 순조롭기만 했던 것은 아니다. 일본스키 여행사만의 고민이 있게 마련인데, 겨울에야 정말 정신없이 바쁘지만 봄이 찾아오는 순간 매출이 제로가 된다는 치명적인 약점이 있었다. 한왕식 대표도 그것이 가장 큰 고민거리라 했다.

"우리 회사에 대해서 사람들이 가장 궁금해 하는 게 뭐냐면, 겨울이 지나면 뭘 하느냐는 거예요. 스키전문 여행사는 딱 4개월 동안 매출이 발생하거든요. 12월 초부터 시작해서 3월 말까지. 4월달에도 봄 스키나 모굴캠프 같은 게 조금 있지만 실제적으로 매출의 98%가 딱 4달 사이에 발생해요. 그럼 나머지 8개월은 매출이

주는 게 아니고 완전히 제로에요. 겨울 4개월 매출로 1년을 먹고살아야 하는 게 제일 큰 딜레마죠. 봄부터 가을까지 인력을 활용할 수 있는 뭔가를 찾기 위해서 골프도 시작하고 트레킹도 시작했는데 생각보다 활용이 안 돼요. 골프도 제일 바쁜 시즌이 똑같이 겨울이거든요. 우리나라에서 칠 수 없을 때 외국에서 치는 거니까요. 그래서 골프는 따로 독립적인 사업으로 유지를 하게 됐죠. 트레킹도 우리가 고객 서비스 차원에서 일 년에 몇 번 마진 생각 안 하고 일본으로 가는 상품을 만드는데, 내가 산을 좋아하니까 그렇게 하는 거지 사업적으로 보완은 안 돼요.

그러다 보니 우리 여행사의 가장 큰 핸디캡은 인력 활용이에요. 겨울 업무량에 맞춰서 사람을 뽑아 놓으면 비시즌에는 도저히 감당이 안 돼요. 어쩔 수 없이 최소한의 인원을 뽑아서 스키 시즌에는 거의 매일 야근을 해요. 보통 아침 9시에서 저녁 10시까지. 원래 토요일은 휴무인데 격주로 출근하고요. 그 대신 봄부터 가을 사이에 두 달 동안 유급휴가를 줍니다. 저는 23년간 여행업에 종사했는데, 마지막 몇 년간은 정말 장기휴가를 가고 싶었어요. 원래 여행사들이 휴가가 짜요. 인력으로 일하는 데라 연차 월차 제대로 못 쓰고 여름휴가라고 해봐야 눈치 안 보고 쓸 수 있는 게 기껏해야 4박 5일. 이러다 보니까 장기 유럽여행이나 먼데 여행을 가는 게 꿈인 거예요. 그런 경험 때문에 2달간의 휴가를 주게 된 거죠. 우리 회사를 첫 직장으로 다녔던 사람은 직장인에게 장기휴가라는 게 얼마나 달콤하고 좋은 건지 모를 거예요."

텔레마크 스키로 이야기가 넘어갔다. 텔레마크 스키 이야기를 하면서 김지열 부장을 빼놓을 수는 없었다. 한왕식 대표도 김지열 부장도 국내에 얼마 안 되는 텔레마크 스키어였다. 텔레마크 스키란 일반적인 알파인 스키와는 달리 뒤꿈치가 스키 플레이트로부터 떨어지는 구조로 되어 있다. 국내에서 보기 힘든 스키이기 때문에 어떤 연유로 배우게 되었는지 궁금했는데, 의외로 이유는 간단했다. 한왕식 대표는 그저 '멋있어서' 텔레마크 스키를 타기 시작했다고 한다.

"내가 왜 텔레마크를 시작했냐면, 사실 스키가 참 어렵더라고요. 숏턴부터 벽에 부딪혔어요. 그때까지 내가 친구들에게 스키를 가르쳐줬었는데 어느 순간부터 친구들이 더 잘 타는 거야. 좀 창피하기도 하고 다른 뭐 재미난 거 없나 하고 둘러보니 노진강 씨가 텔레마크를 타더라고요. 재미도 있을 거 같고 이런 걸 타면 잘 못 타도 덜 창피하지 않을까, 다른 이유는 없어요. 단지 그거야. 하하. 그런데 텔레마크 스키를 타보니 이게 참 좋은 운동이더라고요. 텔레마크는 굉장히 자유스러워요. 활동범위가 유연하고, 올라갈 수도 있고 내려갈 수도 있고, 무엇보다 큰 장점은 부상이 적어요. 그리고 알파인 스키에 비해 운동량이 훨씬 많아요. 체력단련에도 그만이죠."

국내 텔레마크 스키어는 약 100명 정도로 추산된다. 텔레마크 스키어 네이버 밴드가 있는데, 그곳에 가입한 사람이 약 100명이지만 실제로 활동하는 사람은 30여 명밖에 안 된다. 김지열 부장도 국내 스키장에서 텔레마크 스키어를 만난 적은 손에 꼽을 정도라 했다. 국내에 텔레마크 스키를 보급하기 위해 애쓰는 김지열 부장이지만, 그가 텔레마크 스키를 타게 된 계기도 우연에 가까웠다.

"저는 원래 스노보드를 탔어요. 스키를 탈 생각은 전혀 없었는데 『익스트림 OPS』라는 영화를 보니까 이상한 스키를 타더라고요. 저게 뭔가 하고 유심히 봤었는데, 알고 보니 그게 텔레마크 스키였어요. 그때가 2005년인가 그랬고 제가 2006년도에 니세코에 갔는데 같은 방을 쓴 룸메이트가 텔레마크 스키를 타더라고요. 그 친구 타는 걸 보고 무작정 질렀죠. 그때까지 저는 스키를 단 한 번도 안 타봤어요. 그래서 휘닉스파크 스키스쿨에 강습을 받았는데, 오전에 보겐만 배운 다음에 겁도 없이 펭귄 슬로프에 올라갔어요. 정말 죽는 줄 알았어요. 슬로프 딱 내려온 순간 스키를 집어 던져 버렸어요. 안 타! 이러고요. 하하. 그런데 이왕 샀으니 쉽게 포기를 못 하겠더라고요. 2006년부터 탔지만, 그때 보드를 신나게 탈 때라, 텔레마크를 한 10% 타면 보드를 90% 탔어요. 스키 실력이 늘리가 없었죠.

그렇게 지내다가 휴가를 길게 받아서 하쿠바에서 혼자 스키를 타는데 어떤 할아버지가 텔레마크 스키를 타고 내려가더라고요.

잘 타시기에 일주일 동안 유심히 쳐다보다가, 잠시 쉬러 가실 때 확 따라 들어가서 다짜고짜 가르쳐 달라고 했어요. 그런데 그분도 제가 타는 걸 일주일 동안 보고 계셨더라고요. 그 이후로 3주 동안 그 싸부님이 내 뒤에 딱 붙어서 내려오면서 자세를 교정해주셨죠. 그렇게 두 시즌이 지나니까 그제야 감이 좀 오더라고요.

바인딩 뒤꿈치가 떨어져서 불안하니까 사람들이 주저앉으려고 해요. 그런데 텔레마크는 주저앉는 게 아니라 서야 해요. 높은 자세로 몸의 중심은 뒷발에. 우리나라 사람들 대부분 런지 자세로 타는데, 그렇게 턴 몇 번 하면 다리가 터질 것같이 아파서 주저앉게 되죠. 전 지금도 6년 전에 선생님이 타시는 거 찍은 동영상 보면서 공부하고 복습하고 그래요. 제가 느끼는 텔레마크 스키는 알파인에 비해서 장점이 거의 없어요. 그런데, 그 단점을 장점으로 만드는 재미가 있어요. 단점이 많은 스키를 장점으로 만들어가며 타는 그런 맛이 있어요."

사실 일본스키 여행에서 텔레마크 스키가 입에 오르내리는 것은 백컨트리 때문이다. 일반 슬로프에서야 스노보드를 타든 알파인 스키 혹은 텔레마크 스키를 타든 그것은 취향의 차이일 뿐이다. 하지만 산을 걸어 올라간 후 활강을 하는 백컨트리의 경우에는 스노보드보다 스키가 유리하고, 그중에서도 텔레마크 스키가 가장 유용하다. 스노보더의 경우 보드를 등에 짊어지고 스노슈즈(설피)를 신고 올라가야 하지만, 스키어의 경우 스키 플레이트 바닥에 '클라이밍 스킨'을 붙임으로써 스키를 신은 채로 올라갈 수 있다. 이때 일반 스키의 경우 발목이 꺾이지 않아 불편한데, 그것을 해결하는 방법이 바로 AT 바인딩이나 텔레마크 스키다. 뒤꿈치가 떨어지기 때문에 편한 자세로 산에 오를 수 있다. 일본스키닷컴은 국내에 백컨트리 및 오프피스테 라이딩의 재미를 알리기 위해 많은 노력을 기울여왔다.

한왕식 대표와 김지열 부장 모두 백컨트리를 본격적으로 시작한 것은 8년쯤 됐다고 한다. 김지열 부장은 백컨트리 파우더 스키 스노보드 카페인 '분설'의 운영자이기도 하다. 슬로프 주변의 비정설 지역을 달리는 오프피스테나 나무 사이로 내려가는 트리런은, 일본에서는 예전부터 자유롭게 해왔던 것이고 그렇기에 일본 사람들은 슬로프 이외의 지역에서 스키나 스노보드를 타는 것을 대수롭지 않게 여긴다고 했다. 눈이 무릎까지 푹푹 빠지는 산을 걸어 올라간다는 게 체력적으로 고통스럽지 않을까 싶었는데, 한왕식 대표는 고개를 저었다.

"백컨트리가 체력적으로 굉장히 힘들 거라고 생각하는데, 그건 편견이에요. 보드를 메고 올라가는 게 생각보다 어렵지 않아요. 사람들이 왜 백컨트리가 힘들다고 생각하냐면, 스키장에서 리프트가 좀 위에 있을 때 스키 들고 한 30미터 걸어 올라가는 걸 생각해서 그래요. 그런 건 힘들죠. 그런데 모든 운동은 상황에 따라 달라요. 딱딱한 부츠를 신고 억지로 올라가면 힘든데, 스노슈를 신고

리듬에 맞춰서 천천히 천천히 올라가면 굉장히 쉬워요. 등에 스노보드를 메고 있으니 약간의 무게를 느끼는 것뿐이지 일반적인 등산에 쓰는 것 외 다른 체력을 필요로 하지는 않아요.

일본에서 백컨트리를 하는 사람들은 젊고 힘 좋은 애들이 아니라 대부분 60대, 70대 할아버지 할머니들이에요. 우리나라 사람들은 버진 파우더를 경험하기 위해 백컨트리를 한다고 생각하는데 그건 주객이 전도된 거죠. 일본에는 백컨트리 자체를 즐기는 인구들이 많아요. 우리나라 사람들은 아무도 안 밟은, 아무도 가지 않은 그런 세상을 만끽하기 위해 백컨트리를 하는 거고, 일본 사람들은 그냥 자연에서 스키를 타는 느낌을 위해 백컨트리를 해요. 그렇기 때문에 일본에서 백컨트리가 활성화되는 건 거의 다 봄이에요.

우리나라 사람들 중에 파우더에 미친 사람들은 1월이나 2월에도 백컨트리를 하는데, 위험해요. 변수가 많고 날씨도 금세 변하고 눈 상태도 예측하기 힘들어요. 우리나라 사람들은 목표가 파우더이기 때문에 3월에 백컨트리 하러 가자고 하면 안 가요. 하지만 나는 봄 스키를 탈 때가 제일 즐거워요. 아무리 일본이라 해도 정말 눈이 좋고 날씨도 좋고 바람도 안 불고 하나도 안 추운 최상의 파우더를 만나는 게 며칠이나 되겠어요. 그런 날은 굉장히 드물어요. 그건 욕심이지. 하지만 봄에는 종일 타도 춥지가 않고 바람도 없어요. 정말 너무 아름다운 파란 하늘 아래 설산들이 펼쳐지죠. 다만 눈이 좀 무거운 것뿐이에요. 그거는 나름대로 즐기려고 하면 더 즐거울 수도 있는 거예요.

파우더는 사실 자기 자신이 만들어놓은 함정이라고 생각해요. 스키는 모든 환경에서 다 즐길 수 있는데 파우더를 타야만 즐겁다는 건 자기가 만들어놓은 덫인 거 같아요. 내가 자신에게 최면을 걸어서 속박을 시키는 거죠. 그러니까 파우더 아니면 타기가 싫어지는 거예요. 마음만 넓게 가지면 얼음을 만나도, 푹 꺼지는 눈을 만나도, 지독한 습설을 만나도 그 과정을 다 즐길 수 있는 거예요. 손님 중에는 여행을 갔는데 파우더가 없다고 하늘이 꺼질 듯이 원망을 하는 분도 있어요. 하지만 어떻게 해요. 파우더를 만들어 줄 수도 없고."

한왕식 대표에게 추천하고픈 일본스키장에 대해 물었다. 모든 스키장이 다 특색이 있고 좋지만, 일본으로 처음 스키 여행을 오는 분들에게 추천하고 싶은 스키장은 따로 있다고 했다.

"정말 왕초보자 가족끼리 스키 여행을 가는데 무조건 니세코만 원하는 고객이 오면 참 난감해요. 물론 실력이 있고 트리런을 할 수 있을 정도라면 더없이 좋은 곳이지만, 슬로프만 타기 위해 니세코를 갈 필요는 없어요. 이유를 물어보니 그냥 니세코가 넓고 유명하니까 가고 싶다더라고요. 나는 처음 일본스키 여행 가는 초보자라면 타자와코 스키장이 적당하다고 생각해요. 일단 비용부담이 적고요, 처음부터 좋은 데에 가면 기대치가 커져서 다른 곳에 가면 실망하게 되거든요. 일본으로 스키 여행을 처음 가는 사람일

수록 크고 유명한 데를 고집하는데, 막상 다녀보면 스케일이라는 건 큰 의미가 없어요. 이 스키장이 얼마나 설질이 좋고 짜임새가 있느냐 그게 중요한 거죠.

타자와코는 내륙 한복판이라 눈이 참 가벼워요. 산도 참 멋있고 슬로프가 굉장히 넓어요. 그리고 맵상으로는 스키장이 매우 작아 보이는데 워낙 자유분방한 스키장이라 트리런 할 곳도 정말 많고 파우더가 지천으로 널려있고, 정말 나무랄 데 없는 스키장이에요. 호텔에서 스키장까지 스키 인아웃이 안 된다는 게 좀 아쉽지만요. 나쿠아 시라카미 스키장도 좋아요. 초보자에게도 참 좋은 곳이에요. 숙소도 바로 앞에 있고 아주 좋아요. 그런데 거기 가는 분들이 별로 없어요. 카무이도 굉장히 즐거움이 많은 곳이에요. 숙소와 스키장이 좀 멀지만, 저녁에 리조트에 갇혀있지 않고 내 맘대로 돌아다니고 쇼핑도 하고 시내 구경도 할 수 있죠."

마지막으로 자신에게 있어 눈이란 무엇이냐는 질문을 했다. 김지열 부장은 잠시 고민하더니 '눈은 인연이다.'라고 말했다.

"눈은 나에게는 인연입니다. 눈을 통해서 만난 사람들에게 도움을 받고, 미약하나마 도움을 주기도 하죠. 항상 눈을 통해서 사람들을 알게 되다 보니 제가 최근에 만난 사람들의 90%는 눈과 관계된 사람인 것 같습니다. 제가 스키를 안 탔다면 어떻게 일본에 가서 친구들을 만나고, 제 인생의 스승님을 만나고 했겠어요. 모두

다 인연이죠."

한왕식 대표는 '눈은 生이다.'라는 말을 남겼다.

"눈이나 겨울은 일반인들에게는 죽음을 의미합니다. 봄은 청춘이요, 여름은 장년이고 가을은 노년이라면 겨울은 죽음이 되죠. 그런데 우리에게는 모든 생업이 겨울에 시작하고 봄에 끝나다 보니까 눈이라는 게 하나의 생(生)이 되는 거예요. 오히려 봄이 죽음의 계절로 다가오죠. 우리는 겨울마다 정말 극단적인, 치열한 삶을 살아요. 그러다가 봄이 찾아오면 그 치열한 삶이 딱 단절되어 굉장히 깊은 침묵에 빠지고 모든 에너지를 소진해 죽음으로 가는 그런 느낌을 받게 됩니다. 우린 직업 때문에 그런 걸 더 느끼겠지만, 정말 스키에 빠져서 즐기는 사람들은 봄마다 비슷한 느낌을 느끼지 않을까 싶어요.

그래서 나는 항상 4월이면 엄청난 몸살을 앓아요. 내가 약골이라 감기를 정말 자주 앓는데 스키 사업을 하면서 겨울에 감기를 앓아본 일이 정말 단 한 번도 없어요. 십수 년 동안 겨울에 그렇게 바쁘게 일을 하면서 단 한 번도 감기를 앓지 않은 게 스스로도 불가사의하게 느껴져요. 그런데 꼭 4월 말쯤이면 엄청나게 큰 몸살을 앓아요. 어떤 계기로 그런 몸살을 앓는지는 모르겠는데 한번 앓으면 죽었다 살아날 정도로 고열이 나요. 아마 겨울에 모든 에너지를 다 쏟아부어서 그런 거 같아요. 그게 어느 한순간 단절되면서 긴장이 풀리고, 그게 내 몸에 어떤 큰 데미지로 찾아와서 몸살을 앓는 것 같아요."

나 역시 1년의 휴가를 대부분 겨울에 몰아 쓰는 사람으로서 그의 말에 동감했다. 눈이 펑펑 내리면 가슴이 설레고 겨울이 지나가면 우울해지는 마음은, 겨울스포츠를 즐기는 사람이라면 누구나 느끼는 감정이 아닐까. 봄이 올 때마다 열병을 앓는다는 그의 이야기를 듣고 추운 겨울 동안 그가 발산해내는 열정과 에너지가 어느 정도인지 짐작할 수 있었다. 그는 요즘 일본 스키 여행 가이드북의 개정판을 내기 위해 바쁘게 지내고 있다. 누군가의 이런 숨은 노력 덕에 우리가 편하게 일본 스키 여행을 다닐 수 있는 게 아닐까.

사진 제공 _ 한왕식

일본스키닷컴 _ http://www.ilbonski.com

일본스키닷컴 카페 _ http://cafe.naver.com/ilbonskicom

한왕식 개인 블로그 _ http://blog.naver.com/k2nex

백컨트리 파우더 스키 스노보드 카페 분설 _ http://cafe.naver.com/powdersnow

김지열 개인 블로그 _ http://blog.naver.com/cameraman95

눈은 연애다 - 박병훈

도전은 인생을 흥미롭게 만들며, 도전의 극복이 인생을 의미 있게 한다.

Challenges are what make life interesting; overcoming them is what makes life meaningful.

-조슈아 J. 마린Joshua J. Marine-

내가 처음 스노보드를 배웠던 때가 2006년 겨울이었으니, 서른 살을 갓 넘었을 때였다. 그때만 해도 '나이 서른이 넘어서 무슨 스키나 스노보드를 배운담?'이라며 자조 섞인 이야기를 하곤 했었다. 스노보드는 젊은 애들만 타는 거로만 여겼다. 이제 와 생각해보면 그리 늦은 것도 아니었는데 말이다.

나이야 숫자에 불과하다지만 나이가 들수록 새로운 일에 도전하는 것은 어렵기 마련이다. 하물며 30대가 아닌 50대라면 더더욱 쉽지 않은 일이다. 그런데 50대에 스키에 입문해 시베리아까지 다녀온 이가 있다. 적어도 스키나 스노보드에 있어서, 내 주위에서 그보다 더 열정적인 사람을 보지 못했다.

'닥파'라는 그의 닉네임을 보고 나는 본능적으로 '닥치고 파우더'의 줄임말임을 알 수 있었다. 일산의 작은 참치회집에서 그를 만났다. 최근 행적을 알고 있는 나로서는 물어보고 싶은 것이 너무나 많았다. 이비인후과 개원의인 그는 쉰이 넘은 나이에 스키에 입문했다. 늦은 나이에 스키를 타게 된 이유를 물어보니 술술 대답이 나왔다.

"2015년도였어요. 원래 집에서 TV를 잘 안 보는데, 그날따라 집사람이 TV 보는 걸 같이 보게 됐어요. 『슈퍼맨이 돌아왔다』에서 삼둥이가 나오더라고요. 스키장에 가서 스키를 배우는데 우리 아이와 나이가 비슷했어요. 한 살 정도 차이 날 거예요. 삼둥이가 배우는 걸 보니 얘도 스키를 가르쳐야겠구나 싶어서 스키장에 데려가 레슨을 받게 했죠. 그러면서 저도 스키를 같이 배웠어요. 아이 혼자만 시키면 재미없어 하니까. 그런데 스키를 타면 탈수록 재미가 있더라고요. 그렇게 입문을 하게 됐어요."

2015년 1월, 그의 나이 51세에 스키에 입문했다. 오히려 아이보다 자신이 더 스키에 빠져버렸고, 대명리조트에서 주말마다 스키를 타던 그는 아홉 번째 날 최상급자 슬로프를 내려왔다. 한 번 넘어지기는 했지만 몇 년을 타야 가능할 것 같던 최상급 슬로프를 내려오니 더욱 열의가 불타올랐다. 하지만 짧은 겨울 시즌은 훌쩍 지나가버리고 봄이 찾아왔다. 평소 유튜브도 안 보던 그였지만, 스키를 타지 못하니 몸이 근질근질해 스키 동영상을 보며 마음을 달랬다. 그러다 운명적인 동영상 하나를 만나게 됐다.

"스키 타기 전까지는 유튜브나 동영상을 본 적이 거의 없어요. 그런 건 시간 낭비라고 생각했거든요. 그런데 스키를 탈 수 없다 보니 어느새 스키 동영상을 검색하고 있더라고요. 그러다가 알래스카에서 헬리스키를 타는 걸 봤어요. 그때 딱 느낌이 왔죠. 아, 저거야. 알래스카 헬리스키. 내가 하고 싶은 게 바로 이거구나. 딱 생각이 들더라고요."

그는 인터스키 강습을 받으면서 답답함을 많이 느꼈다. 상급자 슬로프에 도전하는 것이 흥미롭기는 했지만, 자유롭지 못하고 속박되는 느낌이 싫었다. 정형화된 라이딩에서 목마름을 느꼈다.

"라이딩을 꼭 에스 자로만 가야 하나 하는 생각이 들었어요. 에스 자가 아니라 오메가로 한번 재미있게 가고 싶더라고요. 그래서 강사한테 이야기하니까 들은 척도 안 해요. 패러렐도 잘 못 하는 초보가 그런 이야기를 하니 귀담아듣지 않았던 거죠. 그때는 파우더도 프리스타일 스키도 몰랐어요. 그런데 알래스카 헬리스키를 보니까 알겠더라고요. 내가 하고 싶어 하는 게 저거구나. 아무런 제약도 없는 곳에서 자유롭게 내려오는 모습을 보고 한눈에 반한 거죠. 그래서 열심히 알아보는데 도무지 관련 정보를 찾을 수가 없더라고요. 그러다가 파우더비긴즈라는 카페를 알게 됐죠. 일본 핫코다 원정에 지원했어요. 스키장에서 열여덟 번 정도 탔는데 같이 가도 되냐고 물었더니 괜찮다고 하더라고요. 솔직히 '좀 더 타고 오세요.' 이럴 줄 알았는데, 스키 초급자나 상급자나 파우더에서는 똑같은 초보라고 하더라고요. 그래서 덜컥 여행을 가게 됐어요. 서둘러 파우더 스키도 사고 장비도 다 샀죠. 그때가 12월 24일, 크리스마스 전날이었어요."

그것이 그의 첫 번째 해외원정이자 첫 파우더 라이딩이었다. 그때 어땠느냐는 질문에 그는 "죽을 뻔했죠."라며 껄껄 웃었다.

"핫코다는 산악스키장이에요. 코스가 몇 개 있지만 그건 스키장 베이스로 돌아오는 지표일 뿐이고, 실제로는 자연의 수빙 사이를 달리는 천연 스키장이죠. 처음에는 다이렉트 코스라고 불리는 길을 따라 내려갔는데, 사람들이 하도 다니다보니 울퉁불퉁해져서 재미가 없더라고요. 제가 생각했던 파우더도 아니고요. 마지막 라이딩 때 저에게 파우더 맛보기를 시켜준다고 나무숲으로 들어갔어요. 두 가지 방향이 있는데 하나는 길이가 짧고 폭이 좁아서 턴하기 힘든 데였고, 나머지는 경사가 완만하지만 길고 폭이 넓어서 턴하기 좋은 데였어요. 제가 턴을 제대로 못 하기 때문에 폭이 넓은 데로 가자고 했는데 파우더 라이딩이 정말 생소하더라고요. 도저히 내려갈 수가 없었어요. 들어가자마자 넘어지고 넘어지고 하니까 진행이 안 되는 거예요.

어쩔 수 없이 짧은 코스로 길을 틀었어요. 그런데 코스 중간에서 방향을 바꾸다 보니 엉뚱하게 길이 안 난 곳으로 가게 된 거예요. 계곡으로 잘못 내려가서 스키를 벗고 걸어가고 기어 올라가고 이런 것을 몇 번이나 반복했어요. 그때가 12월이었잖아요. 이때 내리는 눈을 네유키라고 해요. 바닥에 깔려서 봄이 올 때까지 녹지 않고 남는 눈이죠. 우리 말로는 밑눈이나 바닥눈 정도일 거예요. 네유키가 완전히 쌓이지 않다 보니 시즌 때는 이어져야 할 계곡이나 길이 끊겨있었던 거죠. 저 때문에 이상한 데로 들어가서 다들 고생했어요. 정말 힘들었어요. 나중에는 그냥 구조헬기를 부를까 싶더라고요. 걸어가고 빠지고 건져주고 그러다가 겨우 무사히 돌아왔죠."

고생은 많이 했지만 좋은 경험이었다고 했다. 그다음 원정 예정지는 니세코였다. 파우더를 한 번 경험했으니 다음에는 좀 더 잘 탈 수 있을 거라고 생각하고, 기대에 부풀어있는데 그만 생각지 못한 부상을 당했다.

"2016년 1월 말에 무릎을 다쳤어요. 우리 애가 레슨만 시켜놓으니까 재미가 없다는 거예요. 아빠랑 같이 타고 싶다더라고요. 그래서 스키장에 가서 같이 초보자 코스를 탔어요. 손을 잡고 나란히 탔죠. 그때만 해도 경험이 부족해서 그게 위험하다는 생각을 못 했어요. 리듬이 흐트러지다 보니 스키 네 개가 엉켰어요. 떼어내려고 하는데 그게 잘 안 되더라고요. 속도가 붙어서 어쩔 수 없이 넘어졌는데, 본능적으로 애를 보호해야 한다는 마음에 안고 넘어졌죠. 그러면서 무릎 관절이 꺾였어요."

니세코 원정이 5일 남은 날이었다. 일어나면서 본능적으로 '5일 안에 나을 부상은 아니구나'라는 생각을 했다고 한다. 더 이상 스키를 탈 수 없는 상태였지만, 하필이면 그날 첫 번째 라이딩이었다. 아이에게 한 번 타고 집에 가자는 말을 할 수가 없어 통증을 참고 세 번을 더 탔다. 아빠의 힘이다. 그리고 다음날 병원에 가서 MRI를 찍었다. 인대 파열이었다. 한동안 다리에 깁스를 하고 다녔고, 3월에 수술을 했다.

솔직히 나는 그가 무릎부상을 당했다는 소식을 듣고, 이제 스키를 그만두겠구나 싶었다. 초보 때 부상을 당한 사람은 대개 다시 스키를 탈 용기를 내지 못한다. 설령 스키를 그만두지 않는다 해도 파우더 라이딩은 힘들겠다 싶었는데, 그는 갑자기 스노보드로 전향해 라이딩을 이어갔다.

"카페에 제 멘토가 있는데, 스노보드를 추천하시더라고요. 일단 턴만 되면 오히려 스키보다 쉽고, 파우더에서도 더 쉽다는 거예요. 일단 해보고 안 되면 다시 스키 타면 되지 않을까 싶어서 시작했죠. 8월부터 웅진플레이도시에서 보드를 배웠어요. 스물몇 번 정도 탄 것 같은데, 한번 강습받고 두 번 연습하고 그런 식이었죠."

스노보드를 배우면서도 부상은 있었다. 주저앉으면서 엉덩이를 찧는 바람에 꼬리뼈가 골절됐다. 석 달 동안 아파서 반듯이 앉지를 못했다. 그래도 포기하지 않고 열심히 연습해 10월에 다시 일본으로 떠났다. 이번엔 예티 스키장이었다. 후지산 자락에 있는 스키장으로, 자연설로만 운영하는 일반적인 일본의 스키장과는 달리 매년 인공설을 만들어 10월 중순경에 개장을 하는, 일본에서 가장 빠른 개장일 기록을 갖고 있는 곳이다.

이곳에 간 이유는 파우더 라이딩 때문은 아니었다. 12월에 다시 핫코다 원정을 예약했는데, 그에게는 리벤지 매치나 마찬가지였다. 또 망신을 당하면 안 되겠다는 생각에 실전 슬로프를 경험하고 싶어 11월에 시베리아 원정을 다녀오기로 했는데, 그보다 더 먼저 개장하는 스키장이 없나 알아보던 중 예티 스키장을 찾게 되었다.

"좀 실망이었어요. 10월 중순이었고 인공설이라 큰 기대는 하지 않았지만 하나의 슬로프만 오픈했고 그 슬로프도 양쪽 폭을 다 사용한 게 아니라 중간 부분만 눈을 쌓아 운영하더라고요. 눈도 많이 녹아있었어요. 슬러시처럼. 그런데 희한하게 즐거웠어요. 시베리아 걱정은 없겠다 싶었죠."

11월에는 시베리아로 원정을 갔다. 한국인은 6명이었다. 일반적인 스키장이 아니라 캣(CAT)을 타고 올라가는 캣투어였다. 정설하는 차량을 캣이라 부르는데, 그것을 개조해 15명 정도 탈 수 있는 차량을 만들어 탱크처럼 산을 올랐다. 한 시간 정도 올라간 후에 산 정상부에 올라가 가이드를 따라 내려오는 것을 하루에 여섯 번에서 여덟 번 정도 할 수 있었다.

"워낙 높은 지대니까 상단부는 수목한계선 이상이더라고요. 나무가 없으니 민둥산이죠. 가파르고 경사를 가늠하기 힘들 정도의 급사면이 있고, 그 이후에 점차 완만해지면서 나무들이 나타나요. 보통 한 번 타고 좋은 데는 두세 번 타죠. 장소 옮겨가면서 종일 타면 여섯 일곱 번 타요. 일본과 비교하면, 급경사 스릴을 좀 더 즐길 수 있는 것 같아요. 경사가 가파르다 보니 잘 못 타는 사람은 사이드 슬리핑으로 내려오기도 해요.

하지만 저는 턴 연습을 하는 게 목적이었기 때문에 무조건 턴으로 내려갔죠. 그러다 보니 정말 많이 넘어졌어요. 턴하다 넘어지고 또 넘어지고 4일 동안 한 이백 번 넘어진 것 같아요. 농담이 아니라 진짜로. 마지막 하루는 너무 힘들어서 못 탔어요. 그때 속도를 재보니 시속 62킬로까지 나왔더라고요. 멘토가 있어서 조언을 들을 수 있었으면 가속을 줄이면서 턴하는 법을 배웠을 텐데 그때는 그걸 몰랐어요. 나중에 물어보니 속도가 너무 빠를 때는 누구도 턴을 못 하고 튕겨나간다고 하더라고요. 제가 그걸 몰랐던 거예요. 계속 속도를 내고 싶고 그 속도에 턴을 하고 싶었던 거죠. 온몸이 쑤셔서 고개를 들지도 못할 정도로 정말 많이 넘어졌어요. 귀국할 때 차를 타는데 손으로 머리를 잡고 왔어요. 하도 울려서. 하하. 한 2주 고생했죠. 2주 지나니까 나아지더라고요."

고생한 덕분인지 그다음에 이어진 핫코다 원정은 성공적이었다. 전년도에 수십 번 넘어졌던 코스를 비교적 수월하게 내려갈 수 있었다. 이제 파우더만큼은 중급자라는 칭찬까지 들었다. 하지만 니세코에서 또 한 번의 절망을 느꼈다. 파우더에는 적응이 좀 됐지만, 오히려 슬로프에서의 경험이 적었다. 한쪽 발로 스노보드를 타고 가는 스케이팅도 익숙하지 않았다. 로프웨이나 캣에서 내려 바로 파우더 라이딩을 시작하던 예전 원정과는 달리, 리프트에서 내려 슬로프를 타다가 파우더 구역에 진입을 하다 보니 따라가는 게 쉽지 않았다. 뒤처지는 자신을 보며 스스로 위축이 되기도 했다. 곧바로 아사히다케 원정이 이어졌다. 또 고난이 찾아왔다. 이번에는 골절상이었다. 쇄골과 손목뼈가 동시에 부러졌다. 결국 아사히다케 7일 중 2일밖에 스노보드를 타지 못했다.

나도 스노보드를 타면서 작은 부상을 몇 번 당한 적이 있다. 왼쪽 어깨나 허리, 목을 다쳤는데 다행히 뼈에 손상이 가거나 인대가 끊어지는 심각한 부상은 아니었다. 만약 그런 부상을 당했다면 스노보드를 중단하는 것을 심각하게 고려했을지도 모른다. 하지만 그는 그렇게 생각하지 않았다. 50대의 나이에 스노보드를 시작한 것도 대수롭지 않게 여겼다.

"저는 늦은 나이에 스키나 스노보드를 시작한 걸 부담스럽게 생각하지는 않았어요. 가족에게 걱정을 끼치는 게 좀 미안할 뿐이에요. 내 몸이 다치는 건 개의치 않아요. 인생에 있어서, 양념이고 훈

장이라 생각하거든요. 남들은 내가 부러졌다고 하니까 '이제 안 타겠네?' 하더라고요. 담당 정형외과 의사도 마찬가지였어요. 언제부터 탈 수 있을지 물어봤더니 대답을 안 해요. 스포츠의학을 전공한다는 사람이 스포츠맨의 마음을 몰라주더라고요. 언제부터 탈 수 있을지, 언제 복귀할 수 있을지가 제일 궁금한데 대꾸도 안 하고 그냥 거의 건성으로 대답하더군요. 1년을 쉬어야 한다는 이유가, 겨울에 다쳐서 몇 달 쉬다 보면 겨울이 가기 때문에 다음 겨울을 기다리라는 건지, 이 병이 회복 기간이 딱 일 년 걸리기 때문에 내년에 타야 하는지 그런 게 궁금했거든요. 탈 수만 있으면 남미를 가든 어딜 가든 어떻게든 타고 싶은데 그런 걸 고려해주지 않는 것에 많이 실망했어요. 주변 사람들도 이제 안 타겠네 하고 말을 하는데, 왜 사람들이 그런 말을 할까 그게 궁금해요. 진짜 궁금해요. 다쳤다고 내가 하고자 하는 걸 그만두고 싶지는 않아요. 다칠 수도 있는 거죠."

다음 시즌 계획도 벌써 계획 중이다. 11월에 시베리아에 다녀오고 12월에는 카자흐스탄 침블락에 다녀올 예정이다. 어떻게 그렇게 자주 여행을 갈 수 있는지가 궁금했다. 그는 부원장을 한 명 영입했다고 했다.

"내가 최근에 가장 잘한 일이 뭔가 하면, 부원장을 영입한 거예요. 얼마 전만 해도 나 혼자 열심히 일했죠. 휴가도 거의 못 갔어요. 병원 문을 닫고 놀러 가면 환자들이 불편해하니까 그러지 못했죠. 휴가 동안만 대진의를 쓸까 했는데 마음이 편하지 않더라고요. 그래서 부원장을 뽑아서 반반씩 일하기로 했죠. 금전적으로는 아주 미친 짓이었죠. 제 수입이 반으로 줄어들었으니까. 그래도 삶의 질은 많이 좋아졌어요. 만약 내가 휴가를 두 달 가면 부원장도 똑같이 두 달 휴가를 가요. 월급도 당연히 나가고요. 작년에 부원장이 38일 쉬고 제가 35일 쉬었더라고요. 제가 지불해야 하는 비용이 상당하지만 삶의 질이 올라가고 휴식을 취할 수 있으니 후회하지는 않아요. 우리나라 사람들은 아직까지 휴가나 휴식에 익숙하지 않아요. 외국 기업들은 휴가를 2주, 3주씩 가요. 그게 당연하다고 생각하고요. 우리나라 사람들은 겨우 3, 4일 가는 게 전부죠. 인식의 전환이 필요한 시기입니다."

수입이 절반으로 줄어드는 것을 감수하면서까지 자신이 하고 싶은 일에 몰두하는 열정이 놀라웠다. 마지막으로 질문을 했다.

"박병훈에게 눈이란?"

"눈은 연애가 아닐까 싶습니다. 연애를 할 때 그런 느낌이 들잖아요. 이건 운명이야, 라든가 우리는 인연이야, 뭐 그런 것들. 스키를 배우고 스노보드를 타면서, 알래스카 헬리스키 동영상을 보면서 그런 생각이 들었습니다. 운명의 여인을 만난 것 같은 설렘. 제가 느꼈던 이 가슴 벅찬 설렘을 다른 분들도 느낄 수 있었으면 좋겠네요."

사진 제공 _ 박병훈

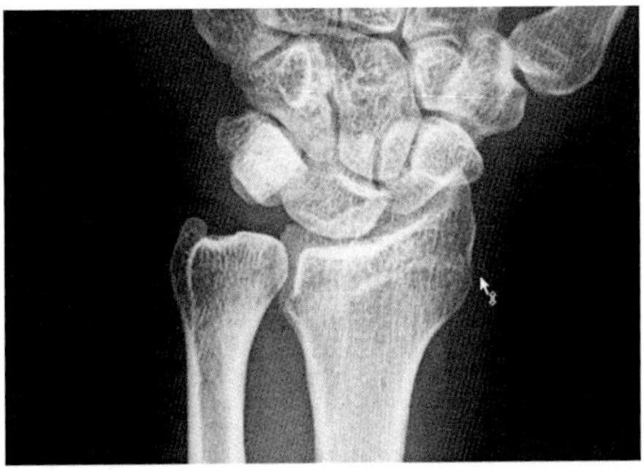

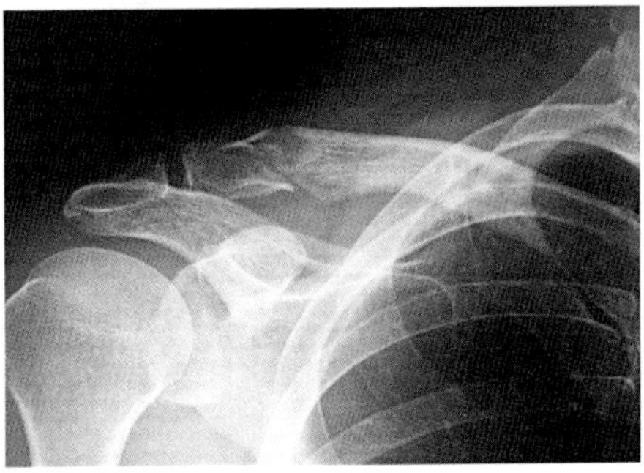

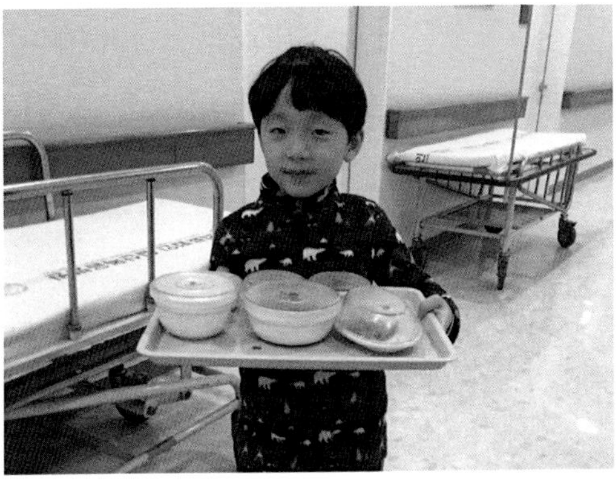

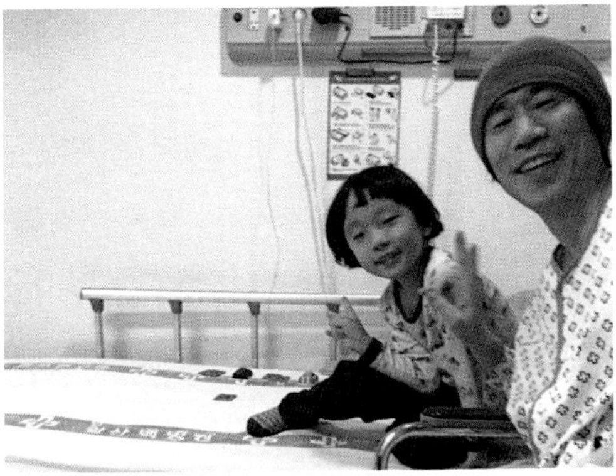
일산백병원

눈은 연결고리다 - 오한상

Love dose not consist in gazing at each other,
but in looking together in the same direction.

사랑은 두 사람이 마주 보는 것이 아니라 함께 같은 방향을 바라보는 것이다.

-생텍쥐페리Antoine de Saint-Exupéry-

나와 아내는 성향이 완전히 다르다. 아내는 부지런하지만 나는 게으른 편이다. 아내는 집 안에 있으면 좀이 쑤시지만 나는 집에 드러누워 있는 것을 제일 좋아한다. 취미도 같은 것이 하나도 없다. 그나마 스노보드를 좋아한다는 공통점이 있는데, 요즘도 가끔 첫째를 낳기 전에 다녀왔던 홋카이도 토마무 스키장 이야기를 하곤 한다. 부부가 같은 취미를 공유한다는 것은 서로를 연결시켜주는 이야깃거리 하나가 늘어난다는 뜻이 된다. 하물며 가족 전체가 같은 취미를 즐긴다면 그것보다 좋은 일이 있을까.

스노보드를 타면서 여러 커플, 여러 부부를 만났다. 부부가 함께 스노보드를 즐기는 행복한 사이도 보았지만, 어느 한쪽이 스노보드를 타는 걸 탐탁지 않게 생각하는 경우도 많았다. 심한 경우에는 아예 스키장에 못 가게 해서 수년간 타던 스노보드를 팔아야 하기도 했다. 무엇이 옳다 그르다를 말할 수는 없겠지만, 서로의 취미를 존중해주고 같이 즐기는 가족이 더 보기 좋은 것은 사실이다. 그것이 어떤 취미든 간에 말이다.

내가 보아온 중 공통의 취미를 가장 잘 누리는 이상적인 가족은 바로 오한상 씨의 가족이었다. 오한상, 박지혜 부부와 만 11살 예은, 만 5살의 예지 두 딸이 모두 스키를 즐긴다. 방배동의 한 카페에서 오한상 씨의 가족을 만나 이야기를 나눴다. 오한상 씨 부부는 아예 스키동호회에서 만나 결혼까지 이른 케이스였다.

"저희는 스키 동호회에서 만났어요. 처음에는 그냥 오빠 동생 이러다가 어떻게 하다 보니까 결혼까지 골인하게 된 경우죠. 동호회에서 스키를 탈 때는 정말 열심히 탔던 것 같아요. 오전, 오후, 야간을 모두 탔으니까요. 사실 실력은 별 볼 일 없는데 그냥 스키 자체를 좋아해요."

결혼 후에도, 출산 후에도 거의 매년 스키장에 갔다고 한다. 아이가 어리다 보니 스키장에 같이 갈 수가 없어서 처가집에 맡기고 가거나 놀이방에 맡겼는데, 그것도 한두 번이지 계속 그럴 수가 없어 고민하던 차에 아예 스키를 가르쳐서 같이 타야겠다는 생각을 하게 됐다.

"노력을 많이 했죠. 스키를 처음 타기 전에도 미리 친해지라고 여름에 신겨도 보고 얘기도 많이 해주고 했어요. 예은이는 35개월에 처음 스키를 탔죠. 우리 나이로 4살 정도였어요. 첫째다 보니 아무래도 조심스러울 수밖에 없었어요. 그냥 슬로프에 내놓을 수가 없어 여기저기 알아보다 외국에서 하네스를 주문했어요. 아이 몸에 입혀서 뒤에서 줄처럼 잡아줄 수 있는 그런 기구였죠. 그런데 제일 작은 게 한 7살쯤 되어야 맞을 정도의 사이즈였어요. 그래서 하네스를 직접 수작업으로 만들어서 입혔는데, 첫째라 그런지 엄마 아빠가 겁이 많아가지고 3년 동안 하네스를 떼지 못했어요. 그 후에야 혼자 탈 수 있게 했죠.

예지 같은 경우는 둘째라 그런지 예은이 때보다 진도가 빠르더라고요. 예지는 25개월에 처음 스키를 탔어요. 기저귀 차고 탄 거죠. 하네스도 그해에 바로 떼었어요. 예은이는 여섯 살 때 하네스를 떼었는데 예지는 네 살 때부터 슬로프에서 혼자서 타기 시작했던 것 같아요. 예은이보다 더 일찍 시작했고 더 빨리 잘 타기 시작했어요. 올해가 너무 기대돼요. 그래서 예은이가 긴장하고 있어요. 막 안 가르쳐주려고 해요. 좀 지나면 엄마, 아빠랑은 재미없다고 같이 안 탄다고 할까 봐 걱정이에요."

어린 나이에 스키를 태웠다 해서 막무가내로 스키 신겨서 밀어붙인 것도 아니었다. 그는 언제나 안전을 먼저 생각했고, 부족한 것이 있으면 해외에서 구입을 해오고 그래도 안 되면 수작업으로 만들어서라도 해결을 했다.

“저희는 스키 탈 때 무전기로 이야기를 해요. 예은이가 처음에 스키 태울 때, 아무리 큰소리를 질러도 못 알아듣더라고요. 헬멧 쓰고 타니까 잘 안 들렸던 거예요. 무전기에 이어폰을 연결해서 귀에 꽂아줬는데 어른용이다 보니 귀가 아파서 오래 못하더라고요. 그래서 아예 헬멧을 개조해 스피커를 부착했어요. 헬멧 안쪽에 작은 스피커를 삽입해서 무전기 잭을 꽂았다 뺐다 할 수 있게 했죠. 그랬더니 애가 힘들어하지 않더라고요. 이제는 온 가족이 헬멧에 스피커를 달고 있어요.”

어릴 때부터 체계적인 강습을 받아서인지 예은이의 스키 실력은 날로 늘어갔다. 어느 날 주니어 기선전이 열린 것을 본 예은이는 한참 동안이나 넋을 잃고 경기를 바라봤다고 한다.

“초등학교 1학년 때인가 주니어 기술선수권 대회를 하는 걸 우연히 보게 됐어요. 경기를 하는 걸 알지도 못하고 갔던 건데, 구경을 하다가 추워서 저희는 카페에 들어왔는데도 예은이는 3시간 동안 그 추운 데에 서서 선수들 타는 것을 계속 보더라고요. 그날 일기에 자기도 대회에 나가고 싶다고 쓴 걸 봤어요. 그때는 그냥 넘어갔는데 2학년 때 스키 강사 선생님께서 주니어 기선전 한 번 나가 보는 건 어떻겠냐고 하더라고요. 대회 신청 마감에 턱걸이해서 겨우 대회에 나갔는데 거기에서 은메달을 땄어요. 그때 이후로 대회를 좀 나갔죠. 한때는 한 시즌에 여덟 개 대회에 나가서 여덟 번 다 메달을 땄어요. 1등도 했고요."

예은이는 이번 시즌에 주니어 스키 데몬스트레이터로 발탁됐다. 올해에는 여자 주니어 데몬스트레이터를 두 명 뽑았고 추후에 두 명이 추가되었는데, 예은이는 첫 번째 두 명에 발탁되었다 한다. 즉 올해에 가장 스키를 잘 타는 여자 주니어 스키선수 두 손가락 안에 든다는 뜻이다. 예은이는 앞으로도 계속 스키 데몬스트레이터가 되고 싶다고 했다. 스키 실력이 출중하다 보니 어른들과 함께 백컨트리를 가기도 했다. 오한상 씨 가족은 예전부터 일본으로 스키 여행을 다녔다.

"제가 2004년도에 결혼을 했는데, 집안이 엄격한 편이라 결혼 전에는 밖에서 자는 게 익숙하지 않았어요. 공식적으로 학교에서 어디를 간다 이런 것 외에는 친구 집 가서 자거나 하는 경우가 별로 없었죠. 그런데 결혼을 하고 나니까 오히려 자유로워지더라고요. 그래서 결혼 첫해부터 일본으로 스키 여행을 갔죠. 그때만 해도 일본으로 스키 타러 가는 사람이 거의 없었어요. 처음으로 야마가타 자오에 갔는데, 일단 리조트가 아닌 스키 마을이라는 게 새로웠고, 눈도 키를 넘길 정도로 엄청나게 많이 왔고요, 기막힌 설경에 수빙도 있고 슬로프에 사람도 없어, 리프트 대기시간도 짧고,

이런 것들에 매료됐죠. 그래서 그 해 이후로 매해 가기 시작했어요. 자오, 나가노 하쿠바, 시가 고원, 나에바, 카구라, 타자와코, 루스츠, 토마무, 후라노, 니세코, 핫코다…. 같은 곳을 여러 번 가기도 했고요. 야마가타 자오 때에는 파우더 스키나 그런 건 생각을 못 했었고, 알파인 스키로 슬로프 옆쪽만 살짝 들어갔다 나왔다 했죠. 나중에 해외에서 파우더 스키 타는 동영상을 보니까 새로운 매력이 있는 것 같더라고요. 숲 속에 들어가서 트리런도 하고 더 깊은 곳으로 들어가다 보니 아, 제대로 한번 타보기 시작해야겠다 싶어서 삼 년쯤 전부터 본격적인 오프피스테 라이딩과 백컨트리를 시작했어요."

예은이도 트리런을 하느냐는 물음에 그는 '저희보다 잘 타요.' 하며 웃음을 터뜨렸다.

"저희가 따라다니기 힘들어요. 모굴도 훨씬 잘 타고요. 예은이는 초등학교 1학년 때부터 일본으로 같이 여행을 갔어요. 토마무에 처음 갔었고 그다음에 타자와코에 갔죠. 잘 타더라고요. 그래서 계속 데리고 다니기 시작했죠. 지금까지 한 열 번 정도 갔고, 예지도 세 번 정도 같이 갔죠. 예지는 아직 트리런은 못하는데 슬로프 사이드 쪽으로는 들어가요. 언니가 가는 데는 무작정 따라가죠. 한번은 완전히 앞으로 그냥 콱 넘어진 경우도 있었어요. 눈이 엄청 많이 온 날이었는데 스키를 신은 채로 완전히 앞으로 팡 넘어져서 눈에 파묻혔어요. 그걸 보고 너무 웃겨서 막 웃다가, 저러다 숨 못 쉬는 것 아냐 싶어서 얼른 가서 꺼내줬죠.

예은이도 토마무에서 눈에 빠진 적이 있어요. 스노우브릿지라고 하는데, 계곡인데 밑은 뚫려있고 위에만 눈이 쌓인 곳이었죠. 다행히 그리 깊지는 않았고 예은이 키 정도 되는 곳이었는데 어우, 꺼내는 건 엄청 힘들더라고요. 그때는 파우더에 대한 지식이 없을 때라 꺼내려다 저도 미끄러져 빠지려고 해서 고생 많이 했어요.

휘슬러에 갔을 때는 블랙콤 정상 부근에서 저희가 한국말을 하니까 현지 교포 한 분이 아는 척을 하시더라고요. 예은이가 타는 걸 보시더니 잘 탄다며 애를 데리고 블랙콤 너머 쪽 글래시어 쪽으로 내려갔는데, 자연 모굴 상태에다가 경사가 우리나라와 비할 바 아니게 엄청 절벽 같은 곳이라 저희 부부는 못 내려가겠더라고요. 그래서 저희는 완만한 쪽으로 우회해서 내려왔는데 그분은 예은이랑 둘이서 잘 내려갔죠. 예은이는 그때가 제일 재미있었대요."

일본 핫코다에서는 백컨트리를 하기도 했다. 물론 예은이가 너무 어려서 가이드마다 모두 거절하는 통에 쉽지 않았다 한다.

"아무리 스키를 잘 타도 애는 애잖아요. 가이드가 안 된다고 하더라고요. 핫코다에 백컨트리를 하러 갔었어요. 핫코다에는 스키스쿨과 가이드클럽 두 군데에서 백컨트리 가이드 프로그램 신청을 할 수 있는데요. 스키스쿨에 가서 백컨트리 예약을 하려고 하니 너무 어려서 안 된다는 거예요. 만 열한 살 때였거든요. 어쩔 수 없이 옆에 있는 가이드클럽에 갔더니 거기에서도 너무 어려서 안 된다고 하더라고요. 백컨트리를 하러 왔는데 할 수가 없으니 막막했죠.

그래도 일단 타긴 타야겠다 싶어서 로프웨이를 타고 올라갔어요. 정상에서 내려다보면 막대기를 꽂아 길을 표시해둔 곳이 두 군데가 있어요. 포레스트 코스와 다이렉트 코스죠. 두 군데 모두 비정설된 자연 상태라 생각하시면 돼요. 저희 가족이 포레스트 코스를 내려오는데 마침 가이드클럽의 가이드 한 분이 예은이가 타는 거를 보셨나 봐요. 잘 타니까 같이 가도 되겠다고 허락하셔서 백컨트리 프로그램에 참여하게 됐죠. 나중에 물어보니 예은이가 지금까지 가이드 받은 고객 중 제일 어렸다고 하더라고요. 그런데 예은이는 뒤처지는 게 아니라 가이드 뒤에 딱 붙어서 제일 먼저 내려갔어요. 덕분에 버진파우더를 많이 즐겼죠. 하하. 근데 진짜 핫코다가 좋기는 좋았어요. 일반스키장하고는 달리 그냥 숲 속에서 타는 느낌이라 재미있었어요. 눈 쌓인 양이 어마어마해서 경치가 엄청 좋았죠."

그의 가족은 비단 스키만 같이하는 것이 아니었다. 또 다른 가족만의 취미가 있었는데, 바로 RC였다. 그는 젊을 때부터 RC를 즐겨했다.

"남자들은 비행기 같은 거 좋아하잖아요. 저도 마찬가지였어요. 어릴 때 잡지책에서 RC를 접했고 명동 새로나 백화점에 모형점이 하나 있어서 사람들이 가지고 온 비행기 같은 거 보고 부러워만 했었죠. 실제로 RC에 입문한 건 대학교 들어가고 아르바이트하면서 돈이 생긴 후부터였어요. 비용이 좀 많이 들어가는 취미다 보니까 쭉 하지는 못하고 중간에 멈췄다가 직장 들어가고 나서 다시 시작했는데, 이것도 가족과 같이해야겠다는 생각이 들어 결혼 전에 아내에게 RC 비행기 날리는 걸 미리 가르쳐줬어요. 다행히 아내도 좋아해서 지금까지 온 가족이 함께하고 있죠. 예은이 3개월 됐을 때도 애기 업고 날리기도 하고 그랬죠. 비행기를 날리려면 사람이 없어야 해요. 왜냐면 비행기가 크기도 하고 엔진이 있어서 좀 위험할 수 있거든요. 그래서 사람이 없는 교외의 넓은 들판이나 서해안 바닷가로 많이 가요. 가서 비행기도 날리고 RC 보트도 띄우고 같이 고기도 구워먹고 오죠."

여행 계획은 거의 대부분 한상 씨의 몫이다. 아빠가 중심을 잡고 있으니 가족의 구심점이 되는 게 아닌가 하는 생각이 들었다. 가족이 같은 취미를 갖는 것에 대해 그는 매우 긍정적인 생각을 가지고 있었다. 가족 간의 대화거리가 많아져서 서로 유대감을 갖게 된다 했다.

"저는 특히 스키를 추천하고 싶어요. 겨울스포츠는 나이가 들어서도 할 수 있는 운동이거든요. 실제로 해외에서 스키를 타다 보면 나이 드신 어르신들을 많이 봐요. 3대가 스키를 타는 것도 많이 봤어요. 할아버지랑 손자랑 오는 경우도 많고요. 저희도 스키를 가족 스포츠로 해서 할아버지, 할머니가 돼서도 같이 애들하고 탔으면 좋겠어요. 스키장에 다니다 보면 평소에 볼 수 없는 멋진 겨울 설경들을 많이 볼 수 있어서 좋은 것 같아요. 그래서 다른 사람들에게 권해주고 싶고 같이하고 싶죠."

마지막으로 오한상 씨 가족에게 눈이란 무엇이냐고 물었다. 박지혜 씨는 눈이란 행복이라고 대답했다.

"눈이 있으면 가족이 모두 다 행복하니까, 행복인 것 같아요."

다음은 첫째 예은이에게 물었다.

"눈은 친구 같아요. 친구랑 있을 때 즐거운데, 스키를 탈 때도 즐거우니까."

예은이는 아이다운 시선으로 눈을 바라보고 있었다. 둘째 예지에게도 물었다.

"예지에게 눈이란?"

"eye."

엉뚱하고 귀여운 대답이 돌아왔다. 미소를 짓던 한상 씨는 '눈은 연결고리'라는 대답을 했다.

"눈은 연결고리 같다는 생각이 듭니다. 한 가족을 묶어줄 수 있는 끈이지요. 겨울이 되면 스키에 대한 얘기가 공감대를 이뤄서 가족이 돈독해질 수 있는 연결고리가 될 수 있거든요. 그래서 눈은 끈이다. 연결고리다. 이렇게 생각합니다."

오한상 씨 가족과 대화를 나누면서 따뜻한 기운을 느꼈다. 가족과 함께 취미를 공유하기 위해 노력하는 아빠와 옆에서 도와주고 내조하는 엄마 덕분에 두 딸은 행복한 어린 시절을 보내고 있었다. 오한상 씨 가족은 스키 외에도 또 다른 가족만의 취미를 만들 계획이라 했다.

"여름에 새로운 취미로 스쿠버 다이빙을 시작하려고 하고 있어요. 예지는 아직 어려서 안 되고, 예은이는 재작년쯤에 가서 한번 시켜봤는데 잘하더라고요. 물속이 되게 예쁘잖아요. 그때 세부에서 스쿠버다이빙 강사하시는 분이 한국에 계실 때에는 스키 타셨던 분이라서 더욱 잘해주셨죠. 올해에는 자격증을 따려고 해요. 셋이서. 나중에는 골프도 같이 하고 싶어요. 아직 시작은 안 했지만 재미있을 것 같아요. 앞으로도 가족이 공감할 수 있는 취미를 찾기 위해 노력할 생각입니다."

사진 제공 _ 오한상

YMCA

K.S.I.A.
대한스키지도자연맹회장배 제5회
전국주니어스키기술선수권대회
The 5th Korea Junior Technical Ski Contest
2
1
3
4
대한스키지도자연맹회장배 제5회
전국주니어스키기술선수권대회

Streamline

눈은 후리함이다 - 존(John Yi)

진정한 여행자는 걸어서 다니는 자이며, 걸으면서도 자주 앉는다.

The true traveler is he who goes on foot, and even then, he sits down a lot of the time.

-콜레트Colette-

나고야의 아침거리를 걸은 적이 있다. 일본 나가노 시가 고원 스키장에 다녀왔을 때였다. 시가 고원에서 나고야까지 꽤 거리가 멀기 때문에, 한국으로 돌아오기 전날 나고야에서 1박을 하게 됐다. 내 평생에 나고야에 올 일이 또 있을까. 어쩌면 단 한 번일지도 모르는 나고야에서의 하룻밤이 못내 아쉬웠다. 다음날 공항으로 향하는 버스시간은 아침 9시 30분이었고, 나는 급기야 아침 6시에 일어나 나고야 동네 구경을 나섰다. 나고야성에 갔지만, 너무 이른 시간이라 문을 열지 않았다. 오스 거리도 마찬가지였다. 그 시간에 관광을 하겠다고 돌아다니는 것 자체가 엉뚱한 생각이었다. 결국 휑한 거리만 보다 돌아왔는데, 오히려 그때의 기억이 꽤 오래 남았다. 차가운 아침공기, 나고야 성 앞에서 고양이들에게 밥을 주던 할아버지, 문이 굳게 닫혀있던 상점들. 남들이 이야기하는 나고야

와는 딴판이었지만, 나름대로의 운치가 있어 좋았다. 어쩌면 진짜 여행이라는 것은 이런 것이 아닐까 하는 생각이 들었다. 어떤 틀에 맞춰진 것이 아닌, 나 자신이 중심이 되는 그런 시간들 말이다.

나는 존을 다른 사람들에게 말할 때 '여행가'라고 소개한다. 그는 여행을 업으로 하고 있는 사람이 아니다. 하지만 내가 알고 있는 지인 중 가장 많은 스키장을 다녀온 사람이고, 가장 자유롭게 여행을 다니는 사람이다. 전 세계의 스키장을 수십 군데 이상 다녔다 하니 한편으로는 부럽기도 했다. 그동안 다녀온 스키장이 어디어디냐고 물으니, 줄줄 흘러나온다.

"캐나다 밴프, 블랙콤, 휘슬러, 몬트리올, 미국 콜로라도, 알래스카, 보스턴, 뉴질랜드 북섬, 남섬, 아르헨티나, 프랑스 몽블랑, 스위스 체르마트, 융프라우, 생모리츠, 루체른, 엥겔베르크, 독일 베를린, 뮌헨, 바첸, 오스트리아, 핀란드, 스웨덴, 노르웨이, 이탈리아 돌로미티, 아지아고, 체코, 백두산, 우즈베키스탄, 조지아, 안도라 공화국…. 일본스키장은 유명하다는 데는 거의 다 가봤고요."

보통은 스키장의 이름을 대는데 그는 주로 나라 이름을 댔다. 한 나라에서도 여러 군데의 스키장을 다녔고, 많은 곳을 다니다 보니 채 이름을 외우지 못하는 곳도 많았다. 그는 나와 일본의 스키장에 대해 이야기하면서도 가끔 키로로 스키장과 토마무 스키장을 혼동하곤 했다. 왜 이름을 못 외우냐고 핀잔을 주자 그는 허허 웃었다.

"나는 그냥 스키 타는 걸 좋아하는 사람이에요. 열심히 잘 타야겠다는 생각도 없고 어느 스키장을 섭렵하거나 정복하겠다는 생각도 없어요. 여러 스키장을 갔지만 특별한 목적이 있어서라기보다는, 거기에 스키장이 있기에 그냥 갔을 뿐이에요. 오히려 나는 그 외적인 것들에 더 관심이 많거든요. 가끔 아는 사람들이 연락 와서 '거기 스키장 어때요' 라고 물어보는데 대답하기가 힘들어요. 왜냐면 스키에 관심은 있어도 스키장 자체에는 그다지 관심이 없거든요."

굳이 구분을 하자면 그는 여행 그 자체를 즐기는 사람이다. 꼭 어느 유명한 관광지를 가야 한다는 목적 없이, 꼭 이곳을 가야 하겠다는 마음 없이, 그저 그 순간의 여유로움을 즐길 수 있다면 어느 곳이든 상관없는 스타일이었다. 그에게 있어 스키장의 이름은 중요하지 않았다.

"나만의 여행스타일을 말하자면 자유로움이라고 할 수 있을 것 같아요. 어떠한 목적을 가지고 간다기보다, 그곳에서 목적을 만드는 거죠. 그게 여행의 매력 아닐까요? 내 카톡 프로필에 보면 '여행은 천천히, 그게 여행의 매력'이라고 쓰여 있어요. 그게 제 여행 스타일이에요. 스키 여행도 마찬가지고요. 인생에서 약간의 휴식을 가지기 위해 여행을 가는 건데, 한국 사람들 보면 여행을 가서 너무 바빠요. 여기도 가야 하고 저기도 가야 하고. 이것도 해야 하고 저것도 해야 하고."

그의 이야기를 들으며 속으로 뜨끔한 마음이 들었다. 남들이 좋다는 곳은 다 가봐야 직성이 풀리는 성격 때문에 급하게 뛰어다니며 관광지를 찾아갔던 적이 얼마나 많았던가. 키로로 스키장에 갔을 때가 압권이었다. 홋카이도 신치토세 공항에서 키로로 리조트로 가는 버스를 타야 했는데, 조금이라도 일찍 가서 스노보드를 타려고 버스 시간을 두 시간 앞당겼다. 그런데 그 버스는 국내선에서만 서는 버스였다. 여유 시간은 30분 남짓. 국제선 공항에서 국내선까지 스노보드 가방을 들고 캐리어를 끌며 힘들게 갔는데, 신치토세 공항의 돼지고기덮밥인 부타동 맛집을 놓칠 수가 없어서 꾸역꾸역 부타동 가게까지 가서 주문을 했고 음식이 나올 때쯤에는 버스 출발 시간이 10분밖에 안 남은 상태였다. 맛도 느낄 겨를이 없이 사진을 찍고 5분 만에 마구 입에 욱여넣었다. 결국 무사히 버스를 타기는 했지만 '이렇게까지 해야 했나'라는 생각을 떨칠 수 없었다. 버스를 타고 가는 내내 급히 넘긴 부타동이 울렁거렸다.

그는 95년도 경부터 스노보드를 배웠다고 했다. 하지만 그는 스노보드를 타는 것에 그리 흥미가 없었단다.

"그때만 해도 스노보드 타는 방법은 그냥 라이딩뿐이었어요. 누가 누가 카빙을 잘하나. 누가 많이 휘젓나. 엣지를 세우고 눕히고 바닥이 다 보이네 안 보이네 이런 걸로 겨뤘던 때죠. 그런데 전 그게 재미가 없더라고요. 하다 보니 한계도 느꼈고요. 그런데 그때 웰리힐리파크, 당시 현대성우 스키장에 파크라는 게 생겼어요. 박스가 처음 생겼는데 몇 개 없었어요. 그런데 막상 해보니까 이게 라이딩보다 더 재미있는 거예요. 거기에 빠져서 한참 동안 신나게 놀았어요."

그런데 시간이 지나니 또 한계를 느끼게 됐다. '운동신경이 그리 뛰어나지 않아서'라고 이유를 설명했다. 뭔가 색다른 것을 찾던 그에게 '뉴스쿨'이 눈에 띄었다.

"때마침 뉴스쿨이라는 게 세상에 나왔어요. 그 당시에는 다들 앞으로만 달리는 인터스키를 타고 있었는데, 제가 해외에 출장을 가서 보니 미국 애들이 앞뒤로 탈 수 있는 스키를 타고 있는 거예요. 그러더니 스키가 하프파이프에 들어가더라고요. 옛날에는 하프파이프에 스키어가 들어갈 수 없었어요. 스키는 노즈가 들려야 눈을 치고 나가기 좋으니까 후경이 되어야 하는데, 하프파이프는 뒤로도 타야 하니까 스키가 들어올 수 없었던 겁니다. 그런데 살로몬에서 젊은 학생들이 타는 스키, 뉴스쿨이라 해서 앞뒤로 트윈 팁이 있는 스키를 만든 거예요. 뒤로도 탈 수 있으니 하프파이프에 들어갈 수도 있고, 라이딩도 하고, 기물도 탈 수가 있어요. 그게 요즘 말하는 프리스타일 스키에요. 그때가 2006년경이었는데 한국에서는 파는 곳을 찾을 수가 없어서 미국에 가서 사왔어요. 큰 매장에 가서 비싸게 주고 샀죠. 사실 한국에서 파는 곳이 있었을지도 모르겠지만, 제가 매장을 잘 아는 것도 아니어서 파는 곳을 찾지 못했어요. 한국에서 살 수도 고칠 수도 없으니 관리가 힘들었어요. 그러다 2010년쯤 되니까 레몬 스키샵에서 수입이 되기 시작하더라고요."

그는 지금도 프리스타일 스키를 타고 있다. 프리스타일 스키는 라이딩 시 안정감이 떨어지는 단점이 있지만, 그는 '빠르게' 달리는 게 아닌 '재미있게' 타는 스키를 좋아하기에 앞으로도 프리스타일 스키를 즐겨 탈 것이라 했다.

"해외 스키장을 처음 갔던 것은 해외출장 나갔을 때였어요. 제가 1997년에 S사에 입사를 했는데, 당시 회장님이 IMF 이후의 새로운 먹거리를 찾아 2000년 초반에 세계 곳곳에 직원을 파견했었죠. 중동 개발이 한창 진행되고 있었고, 제가 건설 쪽 일을 맡고 있었기 때문에 해외출장을 많이 갔어요. 중동 국가에 들어가는 자재는 한국에서 가는 게 아니라 대부분 유럽에서 가거든요. 유럽의 제조회사에 검수도 가야 하고 이것저것 할 일이 많았어요. 그런데 유럽 사람들은 우리와 일하는 스타일이 달랐어요. 우리는 아침 8

시에 만나서 저녁 10시까지 회의를 하는데 애네들은 3시쯤 되면 다 집에 가더라고요. 우리가 하루에 해치워버릴 일을 3일 동안 해요. 그럼 나는 이틀 동안 할 일이 없잖아요. 할 일이 뭐가 있겠어요. 그게 시작이었던 거죠. 그렇게 유럽 스키장에 처음 가보게 됐어요. 제일 처음에 갔던 스키장은 프랑스였죠. 발전기 회사에 출장을 갔는데 제가 너무 심심해 하니까 작은 동네 스키장이 있으니 다녀오라고 하더라고요. 작다 하기에 뭐 지산스키장만 한 곳인가 보다 했는데 그 동네 스키장이 용평보다 훨씬 크더라고요."

당시에는 네트워크가 지금처럼 발달하지 않아서 대부분 보스를 직접 만나 사인을 받아야 했는데, 일정이 바쁜 보스를 만나는 데 며칠이 걸리기도 했다. 그럴 때마다 출장 일정은 늘어났다. 그는 출장 갈 때마다 틈틈이 스키장을 다녀왔고, 나중에는 아예 미리 스케줄을 짰다. 2주 출장이면 앞쪽 한 3일에 몰아서 밤새워 일하고, 중간을 붕 띄워서 스키장에 갔다가 나중에 일을 몰아 마무리하고 돌아오는 그런 스케줄을 활용해 많은 곳을 다녀왔다.

"어떤 스키장이 가장 기억에 남나요?"

"가장 기억에 남는 스키장은 오스트리아 인스부르크 스키장과 미국 콜로라도 스키장이에요. 콜로라도 스키장은 왜 좋았냐면, 익스트림이 정말 잘되어 있어요. 상상을 초월하는 기물이 설치되어 있거든요. 하프파이프도 참 좋아요. 당시 우리나라 하프파이프는 제일 긴 게 웰리힐리파크였어요. 160미터 정도. 그런데 거기는 250미터예요. 정말 탈 만해요. 그리고 참 잘 깎아놨어요. 우리나라처럼 원통이 아니라, 가운데 바닥이 거의 평지에요. 그러니까 경사를 내려와서 평지를 타다가 올라가는 거죠. 국제 규격에 맞게 잘 만들어놨어요. 직업이 건축이다 보니 이런 게 눈에 잘 들어와요. 어떻게 이렇게 잘 깎았을까 싶었죠.

스키장이 좋은 걸로 얘기하자면 인스부르크나 콜로라도지만, 스키장이 좋고 나쁘고 상관없이 개인적으로 가장 기억에 남는 곳은 우즈베키스탄 발데르세이에요. 뭐랄까, 재미난 곳이었어요. 내가 갔을 때에는 눈이 거의 안 와서 설질도 안 좋았고 자갈들 튀어나온 데에 스키 바닥도 긁히고 했지만, 그래도 기억에 남는 일이 많았어요. 스키장 정상에 라운지가 있는데, 그게 어떻게 생겼냐면…. 옛날 시골 버스정류장에 있는 그런 의자 있잖아요? 그런 게 놓여 있고 인스턴트커피를 팔아요. 그게 스키장 라운지래요. 근데 의외로 참 운치가 있고 재미있더라고요.

저는 여행을 갈 때 어떤 목적을 정하고 가지 않아요. 굳이 일정이나 목적지에 얽매이지도 않고요. 스키장에 간다고 해서 목숨 걸고 스키 타는 것에만 매달리지도 않아요. 그래서 우즈베키스탄이 더 기억에 남는 것 같아요.

남들은 다음날 눈 온다니까 꼭 타야겠다 그러는데, 저는 그냥 시내 구경 가고 그랬어요. 우즈베키스탄에서도 한국으로 치면 강원도 두메산골 이런 곳에서 시골길을 한 5킬로미터 정도 걸어서 마을을 찾아갔어요. 길거리 가게에서 플라스틱 의자에 앉아 양고기에 보드카 한잔 마시고 있으니까 사람들이 막 나와서 구경을 하더라고요. 지금까지 관광객이, 특히 검은 머리 동양인이 마을에 찾아온 적이 없었던 거죠. 한국에서 왔다고 하니까 깜짝 놀라면서 같이 사진을 찍자고 하더라고요. 나중에 알았는데, 이때 『대장금』이 방송되고 있었대요. 『대장금』이 우즈벡에서 인기 폭발이었는데 마침 그 시골 마을에 한국인이 찾아왔으니 걔들한테는 정말 신기한 일이 벌어진 거죠.

원래 외국은 담배가 비싸잖아요. 근데 그곳에서는 담배가 정말 쌌어요. 근데 싼 이유가, 필터가 없더라고요. 피우니까 침에 젖어서 담뱃가루가 묻어 나오는 거예요. 거기 사람들이 그 담배는 그렇게 피는 게 아니라고, 입술을 말아서 침이 안 묻게 피우는 거라고 가르쳐주더라고요. 저는 그런 여행이 재미있어요. 뭔가 새로운 것을 알게 되는 여행. 패키지여행 다 같이 손잡고 가서 사람들 많이 가는 관광지 돌아다니고 하는 게 저는 싫더라고요."

"따님도 하프파이프를 잘 타죠?"

"하프파이프 초등학교 3, 4학년부 금메달을 땄죠. 아직 초등학생이라 어떻게 될지는 몰라요. 이걸 전문적으로 할지 안 할지. 우리 애들은 나랑 스키를 많이 탔어요. 내가 한국에서 하프파이프를 타니까 애들도 따라서 탄 거죠. 지금은 저보다 더 잘 타요."

전국대회 금메달이라면 상당한 실력일 테고 앞으로 그것을 업으로 가르칠 생각도 들 법한데, 그는 딸을 하프파이프 선수로 키울 생각은 아직까지 없다고 했다.

"나는 개인적으로 우리 애가 프로선수를 하지 않았으면 좋겠다고 얘기해요. 좋아서 하는 것이 어느 날 갑자기 직업이 되어버리면, 좋아하는 거 하나를 잃어버리는 거예요. 너무 재미있어서 겨울이 되면 눈이 오기를 기다리는 사람인데, 직업이 되기 시작하면 의무감 때문에 내 인생에 갖고 있던 것 하나를 잃어버리는 것 같다는 거죠."

그는 잘하는 것이라고 꼭 직업으로 삼아야 할 이유도 없고, 좋아하는 것이라고 꼭 잘해야 할 필요도 없다고 말했다.

"우리 어릴 때 취미랑 특기를 쓰라고 하면 독서랑 영화감상 이런 게 제일 많이 썼잖아요. 취미가 독서인 건 좋은데 특기가 무슨 영화감상이냐고요. 그러니까, 취미하고 특기를 잘 구분도 못 하던 세대가 우리 세대에요. 취미는 하고 싶은 거고 특기는 잘하는 거예요. 바꿔 말하자면, 취미를 잘할 필요는 없죠. 그리고 특기와 직업도 사실 별 상관없어요. 특기는 그냥 뭐든 잘하는 능력일 뿐이고, 직업은 돈을 잘 버는 방법인 거죠.

네가 하고 싶은 게 뭐냐고 물으면 한국 사람은 대답을 잘 못 해요. 하고 싶은, 좋아하는 게 없는 거죠. 그리고 그 하고 싶은 것을 '잘하는 것'이나 '직업'과 연관을 시켜요. 그거는 좀 아니라고 생각해요.

요즘 우리나라를 보면, 대학을 가는 게 직장을 잡으러 가는 거예요. 나는 그게 옳다고 생각하지 않아요. 대학에는 공부하러 가야죠. 대학을 가서, 공부를 해서 자기가 앞으로 무엇을 할지 그때 결정을 해야죠. 미리 뭘 하겠다 결정을 하고 가는 건 옳지 않아요. 큰 애가 중학생 때, 공부를 좀 하니까 학교 선생님이 그랬대요. 네가 공부를 이 정도만 계속 잘하면 서울에 있는 좋은 대학을 가서 공무원이 될 수 있다. 그러면 남은 인생을 좋게 살 수 있지 않겠냐고 했다는 거예요. 하도 화가 나서 그 말 듣지 말라고 했어요. 이제 겨우 10대인데, 70까지 살지 60까지 살지는 모르지만, 아무튼 앞으로 살 날이 수십 년이 남아있는데, 10대 때 애 60까지 살 인생을 결정한다는 것은 정말 말도 안 되는 것 아닌가요? 20대가 되어서 결정을 해도 늦지 않아요. 지금 내 나이 40이 넘었지만, 아직도 내 인생이 바뀔지 어떨지 모르겠는데, 10대 때 60까지의 내 인생을 결정하는 것은 정말 억울한 일이 아닌가 하는 거죠. 그래서 그 말 이제 듣지 마라. 그랬어요.

사람들이 참 쉽게 말해요. '직업은 네가 잘하는 것을 해라.'라든가, '내가 좋아하는 일을 하면서 살았으면 좋겠어요.'라고요. 그런데 전 그게 꼭 옳다고 생각하지 않아요. 좋아하는 것은 잘하는 게 아니에요. 그냥 좋아하는 거죠. 내가 스키를 좋아한다는 것은 내가 스키를 잘 탄다는 얘기는 아니에요. 그리고 무언가를 잘한다고 해서 그걸로 항상 돈을 잘 벌 수 있는 것도 아니에요. 스키장에 가보면 스키 잘 타는 사람들 엄청 많아요. 물론 그중에는 강사를 해서 돈을 버는 사람도 있겠죠. 하지만 그건 극히 일부예요. 그리고 그렇게 해서 만족할 만큼 돈을 버는 사람도 많지 않아요. 제가 아는 사람들 중에도 국가대표 스키선수가 꽤 있는데, 강습을 하든 뭘 하든 엄청 돈을 쓸어 담는 그런 사람은 별로 없어요. 오히려 마음 편하게 스키 타는 사람은 저처럼 다른 직업이 있는 사람들이에요. 좋아하는 건 좋아하는 거고, 좋아한다고 꼭 잘할 필요도 없고, 잘한다고 해서 그게 꼭 직업이 될 필요는 없다는 거죠. 돈을 더 잘 벌 수 있는 방법이 있으면 그게 직업이 되는 거예요. 내가 돈을 잘 벌 수 있는 것을 직업으로 삼고 열심히 일하는 거예요. 그렇게 돈을 벌어서 제가 좋아하는 스키를 타는 거죠. 저는 그런 주의에요. 난 건설업을 하지만 건물 짓는 게 너무너무 좋아서 하는 건 아니에요.

초등학교 때 애가 골프를 좀 쳤어요. 그런데 중학교쯤 되니까 골프를 안 하겠다는 거예요. 마음먹은 대로 안 되니까 속이 상했던 모양이에요. 재미없다고 핑계 대면서 막 속상해하더라고요. 그래서 그냥 그만두라고 했어요. 왜 속상해하냐. 취미를 바꾸면 되지. 그게 뭐가 문제야. 그렇게 말했죠.

한국 사람들은 취미도 잘해야 한다는 생각을 많이 해요. 처음에 시작한 건 취미인데, 남들만큼 혹은 남보다 잘해야 한다는 생각에 점점 집착하면서 의무감마저 느끼는 거죠. 그러면 안 돼요. 하다가 재미없으면 안 하면 되고, 다른 취미로 바꾸면 되는 거예요. 골프를 쳤는데 재미가 없네? 그러면 딴 거 하면 돼요. 테니스 치든 탁구 치든. 또 그거 하다가 여행으로 취미가 바뀔 수도 있고요. 뭔가 한번 시작했으니 꼭 끝까지 해야겠다는 의무감이 생기는 순간,

이제 재미가 없어지는 거예요. 집착인 거죠.

언제든지 그만둘 수 있고, 언제든지 다시 시작할 수 있고, 그게 취미인 거죠. 부담을 가지는 순간 재미가 없어지죠. 제게 있어서 취미란 그런 거예요. 특히 스키는요."

그의 이야기를 들으며 또 한 번 반성을 하게 됐다. 일본 스노보드 원정을 처음 갔을 때만 해도, 그저 슬로프를 달리는 것만으로도 좋았다. 그런데 언젠가부터 슬로프 밖으로 나가게 되고, 오프피스테니 사이드컨트리니 하는 것을 해야만 파우더의 참맛을 아는 것처럼 생각하게 됐다. 백컨트리나 헬리스키를 타는 사람들을 부러워하며 나는 아직 모자라다는 생각을 했다. 눈을 달리는 것이 직업이 아닌 이상, 어떻게 내려가든 자신만 즐거우면 될 일인데 말이다. 그런 면에 있어 그는 확고한 자신만의 기준을 세우고 있었다. 그 유연함과 자유로움이 부러웠다.

그에게 눈이란 무엇이냐고 물었다. 그랬더니 '눈은 후리함이다'라며 웃었다. 구차한 설명을 덧붙이지도 않았다. 자유로움이라는 말도, free라는 영어로도 설명할 수 없는 진정한 '후리함'이 그의 대답에 묻어났다. 우리에게 정말로 필요했던 건 다름 아닌 후리함이 아니었을까.

사진 제공 _ John Yi

VOLKL
VOLKL

2016/2017
게토레이배 제69회 전국종별스키선수권대회
GATORADE
GATORADE

눈은 우행시다 - 잼쏭부부

여러분이 할 수 있는 가장 큰 모험은 바로 여러분이 꿈꿔오던 삶을 사는 것입니다.

The biggest adventure you can ever take is to live the life of your dreams.

-오프라 윈프리Oprah Winfrey-

최근 욜로(YOLO)가 젊은이들 사이에서 확산되고 있다. YOLO란 'You Only Live Once'의 앞글자를 딴 것으로, 불확실한 미래에 염증을 느낀 젊은이들은 '단 한 번 사는 인생'을 위해 저축이나 내 집 마련보다는 당장의 삶을 위해 취미생활에 매진하거나 여행을 떠나기 시작했다. 내가 파우더 눈을 찾아 일본의 스키장을 찾아가는 것도 어찌 보면 욜로의 삶이다. 하지만 잼쏭부부 앞에서는 감히 욜로라는 말을 입에 올리지 못한다. 이들이야말로 진정한 욜로의 삶을 살아가고 있기 때문이다.

잼쏭부부라는 닉네임을 들었을 때 여러 가지 생각이 떠올랐다. 잼쏭이 뭘까? 왠지 재미있소, 잼있송, 잼쏭으로 변천되어 갔던 것이 아닐까 싶었다. 다의적인 의도가 있었겠지만 실은 이름을 따서 만든 닉네임이라 한다. 전재민, 김송희 부부다. 잼, 쏭.

그녀를 처음 만난 건 일본 홋카이도 니세코에서였다. 쏭쏭이라는 닉네임을 쓰던 송희 씨는 매우 활발하고 낙천적인 성격의 소유자였다. 낮에는 스노보드를 타고 저녁이면 근처의 이자카야에서 아르바이트를 하며 생활비를 벌었다. 이후 한동안 연락이 끊겼었는데, 어느 날 중앙일보에서 세계여행기를 연재하는 것을 발견해 반가운 마음에 메시지를 보냈다. 마침 잠시 한국에 들어온 참이라 했다. 부부를 함께 만나고 싶었지만 아쉽게도 송희 씨만 시간이 되어 늦은 점심을 먹으며 이야기를 나눴다.

자연스레 홋카이도 니세코의 이야기부터 시작했다. 그녀는 체구가 작은 편이었지만 스노보드를 탈 때만큼은 누구보다 빠르고 거침이 없었다.

"스무 살 때 대학교 동아리에서 스노보드를 배웠어요. 제가 고3까지 방황을 좀 했거든요. 강원도 원주에 살고 있었는데 공부하는 게 참 싫었어요. 맨날 똑같은 거 반복해서 보고 문제 풀고 하는 게 제 성미에 맞지 않더라고요. 그런데 대학에 들어와 보니 너무 갑작스럽게 커다란 자유가 주어지더라고요. 마음만 먹으면 제 마음대로 할 수 있었어요. 그래서 학교도 안 가고 게임만 했어요. 정말 6개월 동안 게임만 했어요. 성적표가 나왔는데 당연히 학사경고를 받았죠. 아빠가 성적표를 보시더니 딱 한마디 하셨어요. 어떻게 할 거냐. 다닐 거냐 그만둘 거냐. 그제야 학교를 다녀야겠다는 생각이 들었어요. 그래서 다시 학교를 나가기 시작하는데 9월이 되니 동아리가 2차 신입생 모집을 하더라고요. 스노보드가 세워져 있는데 그 앞에서 한참을 쳐다봤어요. 새로운 걸 하고 싶었나 봐요."

곧바로 스노보드 동아리에 가입한 그녀는 겨우내 스노보드에 빠져 살았다. 하루에 10시간 넘게 라이딩을 하고 동영상을 보고 연구를 하며 겨울을 보내니 시즌 막판에는 꽤 실력이 늘어 있었다. 다음해도 마찬가지였다. 그런데 슬슬 정설된 슬로프가 시시해졌다. 뭔가 새로운 것을 찾을 때가 된 것이다. 선배의 추천을 받고 니세코에 입성했다.

"저에게 일본스키장은 니세코가 처음이자 마지막이에요. 니세코에서 가까운 루스츠 스키장에 당일치기로 다녀온 적은 있지만, 니세코 말고 다른 곳에서 지내본 적은 없어요. 2012년 11월 말에 처음으로 니세코에 갔죠. 4개월 동안 있었어요. 밤에는 식당에서 일하고 낮에는 보드를 탔어요. 1314시즌엔 단기로 10일 정도 갔었고, 그 다음해에 재민이랑 3개월 짐 싸서 들어갔죠. 재민이는 니세코에서 스노보드를 처음 배웠어요. 그래서 파우더는 잘 타는데 슬로프를 못 타요. 희한한 애에요."

그녀는 깔깔거리며 웃었다. 그때 이후로 2년째 니세코에 가지 못하고 있다 했다. 다른 곳을 여행하느라 갈 수가 없었다.

"뉴질랜드에 가서는 스키장 마을에 한 달간 있었어요. 시즌 시작하기 직전이라 산에 눈이 쌓이기 시작할 때였죠. 거기에서도 스노보드를 탈 수는 있었는데, 타고 싶다는 마음이 안 들더라고요. 니세코에 3개월 동안 열심히 타다가 바로 갔거든요. 차라리 스노보드보다는 트레킹을 하고 싶다는 생각에 6개월 동안 미친 듯이 걸었어요. 구석구석 다 돌아다녔죠. 눈 쌓인 산도 많이 다녔는데, 그곳에는 저희밖에 없었어요. 너무 아름답고 좋더라고요. 제가 눈을 좋아해요. 강원도 사람이다 보니까."

니세코에서의 생활에 대해 이야기해달라는 말에 그녀의 눈은 잠시 허공에 머물었고 입가에는 미소가 떠올랐다.

"돌이켜 생각해보면 참 행복했던 시간이었던 것 같아요. 매일 아침 7시에 일어나서 8시 반에 스노보드를 타기 시작해요. 간단히 점심을 먹고 또 스노보드를 타다가 오후 4시가 되면 뜨거운 온천에서 몸을 풀었죠. 이걸 매일 반복했어요. 너무 행복했죠. 매일 타니까 체력적으로 조금 힘들기는 했는데, 지금 생각해보면 천국이었던 것 같아요. 재민이랑 만약 우리가 1년 뒤에 죽는다면 뭘 할까 하는 이야기를 했던 적이 있는데, 진짜 그냥 니세코로 보드 타러 가자. 보드 신나게 타고 1년 뒤에 죽으면 여한이 없겠다. 그런 이야기를 많이 했어요. 어느 날 낮에 눈이 60센티가 왔어요. 사람도 별로 없었고요. 신나게 달리는데 정말 기분이 좋았어요. 안누푸리 정상 처음 오픈할 날도 잊을 수 없어요. 시즌 처음으로 안누푸리 정상을 오픈했는데, 딱 올라가 보니 아무도 탄 자국이 없는 거예요. 눈이 정말 어마어마하게 쌓여있었거든요. 앞뒤 생각 못 하고 달렸어요. 정말 3분 정도 멈추지 않고 그대로 내리쐈던 것 같아요. 무아지경이라는 게 이런 거구나 싶었죠."

야생의 눈에서 스노보드를 탄다는 게 그저 재미있기만 한 것은 아니었다. 때로는 길을 잘못 들어 위험에 빠지기도 했다.

"12월 달이었어요. 안누푸리 맨 끝에 계곡이 있어요. 원래 그쪽으로 가면 안 되는 건데 제가 그때는 그걸 몰랐어요. 12월 초라서 사람들이 지나간 흔적 자체가 별로 없었어요. 아무도 건드리지 않은 눈이니 얼마나 좋겠어요. 너무 좋아서 달리다가 너무 깊이 들어간 거죠. 가다 보니 스노보드가 아래로 푹 꺼지더라고요. 이게 뭐지 싶어서 봤더니 계곡 위로 눈이 쌓여있는데 그게 쑥 내려간 거예요. 높이가 3미터는 됐을 거예요. 일행은 저와 다른 길로 가버려서 도움을 요청할 수도 없었죠. 자칫 잘못하면 그대로 쌓인 눈이 무너져서 계곡에 빠질 상황이었어요. 빠져도 죽지는 않겠지만 걸어 올라오기 힘든 그런 높이였죠. 그래서 잠시 진정했어요. 마음을 고르고 약해진 바닥을 살살 다졌어요. 그리고 조심스럽게 스노보드 데크를 푸르고 먼저 위로 올린 다음에 나뭇가지를 잡고 천천히 올라왔죠. 다행히 눈이 무너지지 않아서 잘 탈출할 수 있었어요.

실제로 물에 빠진 적도 있어요. 신나게 달려가는데 앞에 계곡이 있는 게 안 보였어요. 스노보드를 신은 채 슝 날아서 그대로 물에 빠졌죠. 온천물이 흐르고 있더라고요. 다행히 다치지는 않았지만 정말 무서웠어요."

그녀는 요즘 남편과 함께 세계를 여행하고 있다 했다. 중앙일보 연재는 어떻게 시작하게 되었는지 궁금했다.

"저희가 여행을 하면서 유튜브나 페이스북에 영상을 올렸거든요. 그걸 중앙일보 기자님께서 보시고는 영상과 사진을 연재해보지 않겠느냐고 제의하시더라고요. 사진을 올리는 사람은 많지만, 영상은 드물거든요. 어차피 저희도 여행하면서 만들던 거니까 연재하겠다고 했죠."

부부가 여행을 하게 된 계기를 물었다. 알고 보니 잼쏭부부는 여행 덕분에 만나 결혼까지 하게 되었다 한다. 2012년 중국으로 가는 오지탐사대에서 처음 만났는데, 돈이 없던 대학생 시절, '공짜로 여행 가고 싶다'라는 일념만으로 한국청소년 오지탐사대에 지원했다 한다. 해발 6000미터 정도의 봉우리였는데 고산병에 걸려 엄청 고생을 했다. 그때 남편을 만났고, 연애를 지속하며 네팔과 일본 홋카이도 니세코에 3개월 정도씩 다녀왔다. 2015년 4월 16일에 혼인신고를 하고 곧바로 뉴질랜드로 떠났다. 이번에는 1년짜리 여행이었다. 한국에 돌아와 잠시 영상을 정리하고 공부를 한 후 본격적인 여행에 돌입했다. 캄보디아, 라오스, 베트남, 스리랑카를 구석구석 다니던 중 할아버지의 부고를 듣고 잠시 귀국했다. 세계여행을 한다고 하니 '금수저 아니야?'라는 생각을 할 수 있겠지만, 그녀는 고개를 저었다.

"무슨 돈으로 여행하느냐고, 금수저라고 그러던데 솔직히 여행 가면 한국에서보다 돈을 덜 써요. 저희 여행스타일이 그렇거든요. 비싼 데 안 가고 만 원짜리 방에도 머물고 밥도 그냥 해먹거나 이삼천 원짜리 먹고 지내요. 오히려 저는 한국에서 친구 만나고 그러면 돈을 더 많이 쓰게 되더라고요. 뉴질랜드 1년 다녀올 때도 둘이서 천만 원 썼어요. 여행한다고 돈이 많이 든다는 건 편견인 것 같아요."

잼쏭부부는 영상업을 하고 싶다 했다. 여행이 좋아서 떠난 것이긴 하지만, 영상 공부를 하겠다는 목표 또한 있었다. 원래 영상 아카데미를 다니려고 했는데 계산해보니 두 명의 수업료가 1억 가까이 되었다. 그 돈으로 차라리 여행을 하면서 직접 몸으로 부딪혀 영상을 만들어보는 게 낫지 않을까 하는 마음에 무작정 뉴질랜드로 떠났다. 부부 모두 영상을 좋아하고 여행을 좋아하기에 가능한 일이었다. 여행을 지속하는 것이 힘들지는 않느냐는 물음에 그녀는 '혼인신고 안 했으면 헤어졌을지도 몰라요.'라며 킥킥거렸다.

"그래서 재민이가 뉴질랜드 가기 전에 혼인도장 찍고 가자고 했나 봐요. 사이가 안 좋은 건 아닌데, 24시간을 같이해야 하는 게 힘들 때가 있어요. 사생활이라는 게 없어지거든요. 일도 같이 하니까 어느 순간은 같이 있는 게 정말 힘들어요. 그래서 우린 조금만 떨어져있으면 아주 사이가 좋아져요. 한국에 와서도 너무 사이가 좋아졌어요. 서로 떨어져있으니까. 하하하."

일견 낭만스러울 것만 같은 세계여행이지만, 나름의 고충도 있었다. 항상 아름답지만은 않았다.

"돈 문제가 제일 커요. 아까도 말씀드렸지만, 저희는 금수저 아니거든요. 살짝 모아둔 돈이 있어요. 결혼자금으로 받은 돈인데 저희는 결혼식을 정말 단출하게 했거든요. 결혼식장도 싼 곳 빌려서 가장 기본 드레스하고 신혼집도 안 구했어요. 집이 없으니 혼수도 없죠. 한국에 들어오면 잠깐이라도 알바를 해서 돈을 모아요. 재민이는 영상알바를 해요. 그게 페이가 좀 더 높거든요.

뉴질랜드는 워킹홀리데이로 갔어요. 본격적으로 돈을 막 벌지는 않지만, 캠핑장에서 한 시간 일을 해주면 하루 동안 머물게 해주는 그런 시스템이 있거든요. 하루 몰아서 일을 하고 아예 일주일 동안 그곳에 공짜로 머물면서 트레킹을 하고 그랬어요.

적은 돈으로 여행을 하다 보니까, 때때로 내가 왜 여기까지 와서 이 고생을 해야 하나 싶을 때도 솔직히 있어요. 뉴질랜드 여행할 때에는 비용을 줄이기 위해 중고차를 샀어요. 150만 원짜리. 거기에서 먹고 자고 했죠. 어떨 때는 거의 한 달 동안 제대로 씻지도 못했어요. 우리나라로 치면 지리산 골짜기에 차 세워놓고 한 달 동안 트레킹만 하는 거예요. 항상 요리를 해먹어야 하니까 힘이 들죠.

돈 아끼다 보니까 어떤 날은 무리를 하기도 해요. 원래 A에서 B로 가는 트레킹 코스였는데, B에 도착해서 대부분은 택시를 타고 돌아와요. A로 돌아오는 데 이십만 원 정도 들더라고요. 그 돈을 내고 택시를 타는 게 아까워서 저희는 걸어왔어요. 밤이 되어 기진맥진 돌아와보니 하루에 거의 70킬로를 걸었더라고요. 이런 게 힘들어요. 돈 아끼느라 힘들죠."

나는 이 부부가 세계를 여행한다는 말을 듣고 정말 '오늘만 사는' 부부로구나 싶었다. 하지만 이야기를 들어보니 전혀 그렇지 않았다. 그저 노는 게 좋고 여행하는 게 좋아서 희희낙락거리는 것이 아니라, 영상공부라는 확실한 목표를 가지고 있었다.

"여행은 1~2년을 잡고 있어요. 저희는 여행을 다니면서 그냥 구경만 하는 게 아니라 영상을 찍으면서 직업으로서의 가능성을 시험해보고 있어요. 외국에서는 유튜브 영상을 만들며 세계여행을 다니는 애들이 있어요. 저희도 한국판으로 도전해보려고 해요. 훗날을 위한 포트폴리오를 구축한다고도 볼 수 있을 것 같네요.

여행을 가게 된 이유는, 처음에는 새로운 것에 대한 동경이었는데 이제는 약간 삶처럼 변한 것 같아요. 이십대 후반이 되니까 앞으로 어떻게 먹고살면서 여행을 할 수 있을까 하는 고민을 하게 돼요. 아직은 늦지 않았다고 생각하기에 일, 이년 바짝 해보려고요. 영상도 만들고 여행도 해보고 하면서 그게 병행이 되는지, 가능성을 타진해보고 정 안 되면 취직이라도 해야죠. 그래도 자본주의사회니까. 사회적으로 정해진 라인을 딱 벗어났을 때 받게 되는 압박이나 불이익이 생각보다 많아요. 4대보험이 안 되는 프리랜서로 다니니까 신용카드 발급이 안 돼요. 직장에 안 다니니 이런 불이익이 생기는구나, 그런 생각을 요즘 하고 있어요. 그런데 그런 것에 굴복하지 않는 게 되게 어려운 것 같아요."

그녀는 트레킹을 하면서 '버림의 미학'을 배웠다고 한다. 모든 것을 끌어안고 갈 수 있는 인생은 없었던 것이다.

"여행을 가게 되면, 제가 가질 수 있는 것에 한계가 생겨요. 한국에 있고 집이 있다면 뭔가를 차곡차곡 쌓게 되겠죠. TV든 가구든 그릇이든. 그런데 배낭 속에는 들어갈 수 있는 게 한계가 있어요. 트레킹을 가면서 배낭에 넣는 건 모두 제가 짊어지고 가야 할 짐이에요. 당연히 꼭 필요한 것만 딱 가지고 가게 되죠. 그러다 보면 어떤 게 내게 소중한 것인지, 어떤 게 불필요한 것인지 알게 돼요. 인생도 마찬가지인 것 같아요. 인생에 들고 갈 수 있는 크기는 사실 한정되어 있어요. 그 이상은 짐이죠. 물론 좀 아쉽고 힘들 때도 있어요. 하다못해 배고플 때 과자를 먹고 싶어도 그렇게 하지를 못해요. 겨우 꿀 한 숟갈 떠먹고 가는 거죠. 그래도, 나쁘지는 않은 삶인 것 같아요."

욜로(YOLO)의 삶에 대해서도 물었다. 하지만 잼쏭 부부는 정작 자신들이 욜로의 삶을 살아가는 선구자라는 평가에 부끄러워했다. 자신들은 그렇게 거창하게 '단 한 번만 사는 인생!'을 외치며 살아가는 사람은 아니라는 겸손한 대답을 내놓았다.

"어제 둘이서 이야기를 해봤어요. 우리가 욜로족이라는데 넌 욜로에 대해 어떻게 생각하니? 하고요. 그런데 우리의 결론은 이런 것이었어요. '욜로는 당연한 것이다.' 욜로의 뜻이 You Only Live Once, 즉 인생을 한번 산다는 거고, 어찌 보면 당연한 이야기인데 그게 마치 삶의 트렌드인 것마냥 변했잖아요. 즐겁게 살아가는 걸 특이하게 보는 시선이 오히려 이상한 것 같아요. 모두가 좀 더 즐기면서 살 수 있는 세상이 되었으면 좋겠어요. 요즘은 해외여행 다니는 삶이 마치 정답인 것처럼 욜로의 이미지가 변질된 것 같은데, 제가 생각하는 욜로는 각자의 상황에 맞게 각자의 방식으로 즐겁게 사는 게 아닌가 싶어요. 여행을 가지 않더라도, 집에서 텔레비전을 보면서 친구와 맥주 한잔하는 것도 그것이 즐겁다면 진정한 욜로가 아닐까요?"

"하지만 잼쏭부부의 욜로는 지금 같은 삶이라는 거죠?"

"아직까지는요. 아직은 별일이 없으니까. 만약 우리 사이에 아기가 생겼는데 애가 여행하는 것을 고통스러워하든 말든 우리가 하고 싶은 것만 하는 건 욜로가 아니잖아요. 만약 부모님께서 '너네가 한국이 아닌 외국을 돌아다니는 게 너무 불안해서 살 수가 없다.' 그러면 다시 한 번 생각해봐야겠죠. 하지만 아직은 우리 삶의 방식을 응원해주시니까 여행을 지속할 수 있는 거죠."

"욜로의 삶을 살고 싶어 하는 사람들에게 해주고 싶은 말이 있다면?"

"무엇을 걱정하시나요? 하하."

그녀의 대답에, 정말 걱정이 없느냐고 물었다. 그녀는 살짝 고개를 저었다.

"걱정이 없는 삶이 어디 있겠어요. 하지만 한국에서 직장생활을 하는 사람들도 마찬가지죠. 모든 것을 다 얻을 수 있는 건 아니라고 생각해요. 다만 저는 미래의 행복을 위해 현재의 행복을 포기하는 건 옳지 않다고 생각해요. 지금 욜로를 반대하는 사람들도 결국 현재의 행복을 포기하고 미래의 행복을 기다리는 거잖아요. 그런데 과연 지금 20대의 행복이 나을지 60대의 행복이 나을지는 알 수 없는 거라 생각해요. 오히려 더 좋을 수도 있고 나쁠 수도 있지 않을까요?"

그녀는 요즘 다른 곳을 여행하느라 2년째 스노보드를 타지 못하고 있지만, 니세코에서의 생활을 떠올리면 기분이 좋아지고 언젠가 다시 그곳에 갈 생각을 하면 가슴이 뛴다 했다. 마지막으로 그녀에게 눈이란 무엇이냐고 물었다.

"꿈이죠. 우행시. 소설 제목 있잖아요. 우리들의 행복한 시간. 내가 여유가 되고 내 마음대로 할 수 있다면 지금이라도 달려가고 싶은 고향 같은 곳이에요. 제 삶은 스무 살 때부터라고 생각하거든요. 그 전까지는 아무것도 안 했잖아요. 맨날 학교 다니고 남들이 시키는 대로 하고. 그런데 5년 정도의 삶을 제 스스로의 의지로 스노보드와 함께 살아서인지 그 시간으로 다시 돌아가고 싶은 마음이 들 때가 있어요. 제게 있어 그것은 새로운 세상이었어요. 정말 거기선 죽어도 좋을 거 같다는 생각이 들어요. 항상 가고 싶어요. 남들은 지금 저의 생활이 욜로라 하지만, 제게는 지금 상황에서 스노보드 타러 눈 있는 곳 가는 게 정말 진정한 욜로가 아닌가 싶어요. 하하하."

사진 제공 _ 잼쏭부부
잼쏭부부 개인 블로그 _ http://blog.naver.com/rla_thdgml
잼쏭부부의 잼있는 여행 중앙일보 연재 _ http://news.joins.com/article/21203451

EPILOGUE

찬바람이 불기 시작하니 지인들로부터 연락이 오기 시작한다. 캐나다 밴프, 카자흐스탄 등으로 같이 원정을 가자는 이야기들이다. 마음이야 굴뚝 같지만 어찌 하고 싶은 대로, 가고 싶은 대로 살 수 있겠는가. 원고를 마무리하며 아쉬움만 달랠 뿐이다.

이 책을 쓰는 데 꽤나 오랜 시간이 걸렸다. 초고를 썼던 것이 2013년 겨울이었으니 출간까지 4년이 걸린 셈이다. 우여곡절로 마음고생을 하기도 했지만 그사이 홋카이도 쪽의 스키장을 경험하면서 책의 내용이 더 풍성해졌으니 어찌 보면 다행스러운 일이기도 하다.

야마가타 자오를 다녀온 후 처음으로 블로그에 글을 올렸던 때가 생각난다. 그때만 해도 내가 이렇게 많은 곳을 다닐 것이라 생각하지 못했고, 책을 쓰게 될 거라고도 생각하지 못했다. 그저 정보를 공유하고자 하는 마음에 썼던 글인데 그것이 쌓이고 쌓여 한 권의 책으로 태어났다. 돌이켜보면 참 신기한 일이다.

책을 쓰는 동안 정말 많은 분들께 신세를 졌다. 원정을 함께했던

분들의 도움도 많았고, 부담스러울 법한 인터뷰를 흔쾌히 허락해 주신 분들께도 진심으로 감사의 말씀을 전하고 싶다. 항상 응원해 주는 아내와 사랑스러운 두 딸에게는 어떤 말로도 그 고마움을 다 표현할 수 없을 것 같다.

이 책을 통해, 단 한 분이라도 눈과의 인연을 만나게 되었으면 하는 바람을 가져본다.

부록

왜 일본으로 스키 원정을 떠나는 걸까?

"어느 스키장으로 다니세요?"

내가 스노보드를 탄다고 하면 사람들은 종종 이런 질문을 한다. 그럴 때마다 어떻게 대답해야 할지 갈등을 하게 되는데, 고민 끝에 결국 이실직고하고 만다.

"국내 스키장은 잘 안 다니고, 주로 일본으로 갑니다."

대답에 대한 반응은 제각각이다. "일본으로 스키 타러 가는 사람도 있어요?"라며 신기해하는 사람도 있고, 일본문화에 푹 빠진 사람, 즉, 속된말로 '일빠 아냐?'하는 표정으로 바라보는 사람도 있다. 단순히 돈지랄하는 미친놈으로 생각하는 사람도 있었다.

분명히 말하지만, 나는 일빠가 아니다. 일본스키장을 대체할 수 있는 곳이 있다면 어디든 달려가겠지만 안타깝게도 우리나라 주변에는 그만한 곳이 없다. 나는 왜 비싼 돈을 들여가며 몇 년째 일본으로 스키보드원정을 다녀오는 걸까? 우리나라에도 많은 스키장이 있는데 왜 스키를 타기 위해 일본까지 가는 것일까?

그 이유에 대해 적어보고자 한다.

1. 풍부한 적설량, 최상의 설질

한국 스키장은 적설량 부족으로 제설기를 돌려 눈을 만든다. 그것까지는 좋은데, 낮 기온이 올라가면 눈이 녹아 습설이 된다. 부드럽게 미끄러지는 느낌은 사라지고 얼음알갱이를 타는 느낌이 된다. 스키장을 이용하는 사람이 너무 많기 때문에 금세 눈이 밀려 모굴을 만들고, 얼음판이 드러나곤 한다. 잘못 넘어졌다가는 무릎이나 엉덩이에 피멍이 들기 일쑤다.
일본의 스키장은 대부분 자연설이다. 시즌 동안 수 미터 이상의 눈이 오기 때문에 굳이 인공설을 만들 필요가 없다. 어디에나 눈이 쌓여있기 때문에 넘어져도 아프지 않다. 정설된 슬로프 위에 발목까지 차오르는 파우더 눈을 가르며 달리는 느낌은 구름 위를 라이딩하는 것만 같다.

2. 슬로프에 나 홀로, 황제스키!

내가 우리나라의 스키장을 꺼리는 이유 중 첫 번째가 '사람이 너무 많다'는 것이다. 사람이 너무 많아 내가 보드를 타는 것인지 장애물경기를 하는 것인지 구분이 되지 않을 때가 있다. 아무리 조심해도 사람이 많다 보니 충돌사고가 끊이지 않는다. 실제로 나와 보드를 같이 타던 동료들 중에는 서로 부딪혀 사고가 난 경우가 많고, 심한 부상을 당한 적도 있다.
게다가 그 짜증 나는 리프트 대기시간이란. 리프트 한 번 타려고 20분을 기다렸는데 내려오는 건 3분. 너무 허무하다.
유명한 몇몇 스키장을 제외하면, 일본스키장에서는 거짓말 조금 보태서 대기시간이 0초다. 사람이 너무 적어 나 혼자 슬로프를 전세 낸 듯 탄 적도 많았다. 게다가 부상 위험도 상당히 적다. 사람이 적기 때문에 부딪힐 염려가 적다는 것은 큰 장점이다. 요즘은 중국과 동남아 관광객이 늘어 인기 있는 스키장에는 사람이 꽤 몰리지만, 한국만큼 대기시간이 길지는 않다.

3. 빼어난 경관

한국 스키장은 적설량이 적다 보니 인공눈으로 슬로프만 덮는다. 그러다 보니 슬로프만 하얗고 주변의 경관은 휑한 살풍경이다. 하지만 일본은 하얀 눈이 세상을 덮어 정말 아름다운 풍경을 만든다. 야마가타 자오의 수빙이나 시가 고원의 깎아지른 듯한 순백의 산맥들, 나무마다 피어있는 눈꽃은 마치 내가 천국에 온 것 같은 기분마저 들게 한다. 빠르게 슬로프를 내려오는 것이 목적이 아니라 주변 경관을 만끽하며 내려오는 진정한 관광스키를 할 수 있다.

4. 오프피스테 라이딩이 가능하다.

우리나라 스키장은 안전을 위해 슬로프 이외의 지역을 활주하는 것을 엄격하게 금하고 있다. 붉은 그물망으로 슬로프를 막아놓아 가두리양식장에 갇힌 모양새다. 하지만 일본은 다르다. 대부분의 스키장은 슬로프와 슬로프 외 지역을 막아놓지 않았기에 자연과 함께 하는 기분을 느낄 수 있으며, 실력만 된다면 아예 슬로프 밖에서 야생의 천연설 위를 달릴 수도 있다. 누구도 지나가지 않은 새하얀 파우더 눈을 달리는 기분은 정말 짜릿하다.

5. 온천을 마음대로 즐길 수 있다

뜨거운 유황온천 노천탕에서 사각사각 내리는 눈을 맞을 때의 그 느낌이란 이루 형용할 수 없다. 대부분의 스키장에는 온천탕이 준비되어있으니 그저 몸만 담그면 된다. 남들은 온천여행으로 일본에 온다는데, 스키 여행을 하다 보면 온천은 덤으로 따라온다.

6. 일본 관광을 곁들일 수 있다

개인적으로 스키 여행에 관광을 곁들이는 것은 추천하고 싶지 않지만, 일정에 따라 어느 정도 일본 관광이 가능하다. 야마가타 자오의 경우 동네 자체가 일본의 시골마을 풍경이다. 밤이면 이자카야에서 술을 마시며 일본의 정취에 푹 빠질 수 있다. 아키타 현 타자와코나 이와테 현 앗피의 경우 아이리스 촬영지 관광투어가 가능하다. 유명한 뉴토 온천도 다녀올 수 있다. 홋카이도에서는 삿포로 눈축제나 『러브레터』의 촬영지로 유명한 오타루 관광도 할 수 있다. 홋카이도 카무이 스키장의 경우 아사히카와 시내에서 숙박을 하며 저녁마다 아사히카와 맛집투어를 할 수도 있다.

일본으로 스키 여행을 간다고 하면 다들 이상하게 쳐다본다. 누군가 '스키 타러 일본까지 가는 미친놈들'이라 나를 힐난했던 적이 있었다. 부정하지 않겠다. 미친 짓이다. 하지만 그 폭신한 눈에, 온천에 미친 것이지 일본으로 스키 타러 가는 것 자체가 미친 짓은 아니다.

처음 일본스키장으로 원정 갈 때 알아두어야 할 것들

일본 스노보드 원정에 대해 블로그를 운영하면서 가장 많이 받았던 질문 중 하나가 바로 '어느 스키장으로 가야 하나요?'와 '어느 여행사가 좋은가요?'였다. 막상 일본으로 스키보드 원정을 떠나려고 마음먹으면 막막함이 앞선다. 어디에서 정보를 얻어야 할까?

일본스키장에 다녀온 사람이 있다면 직접 물어보면 좋을 것이다. 하지만 물어볼 사람이 없다 해도 걱정할 필요는 없다. 요즘은 일본스키원정이 많이 알려져서 인터넷에서 검색만 해도 원정기가 수두룩하게 올라오기 때문이다. 그래도 걱정이 되시는 분들을 위해 몇 가지 정보를 드리고자 한다.

일단 여행사를 찾아야 할 텐데, 일본스키 여행을 취급하는 여행사는 매우 많다. 하지만 가능하다면 일본스키 전문 여행사의 도움을 얻는 것이 여러모로 유리하다.

◇ 일본스키닷컴(www.ilbonski.com)
◇ 투어앤스키닷컴(www.tournski.com)

이 두 여행사가 일본스키원정상품의 주축을 이루고 있다. 그 외에도 브라보재팬닷컴(www.bravojapan.com)이나 하나투어, 모두투어 등의 대형 여행사에서도 일본스키원정 상품을 판매하고 있다.

물론 직접 항공권을 구매하고 호텔을 예약할 수도 있다. 다만 일부 스키장은 정기적인 셔틀버스를 운영하지 않기 때문에 송영버스를 미리 예약해야 하는데, 대부분 4인 이상이어야 예약을 할 수 있고 호텔이나 스키장 측에 직접 문의해야 하기 때문에 번거롭고 복잡한 면이 있다. 그렇기에 첫 번째 일본스키 여행이라면 일본스키 여행 전문여행사의 상품을 이용하는 것이 편하다. 항공권을 미리 확보한 경우에는 교통편과 숙박만 여행사를 통해 예약할 수도 있다.

일본원정을 가려면 10월 전부터 슬슬 준비하는 것이 좋다. 크리스마스, 구정, 3.1절 등의 연휴 상품은 일찍 매진되는 경우가 많고, 스키장마다 얼리버드 상품을 내놓는 경우도 많기 때문이다. 진에어 등 저가항공사에서는 7월경에 정기세일을 할 때가 있으니 기회를 놓치지 말자. 인기 있는 스키장의 경우 숙소를 구하는 것이 어려울 때도 있다. 연휴를 끼워 가고자 한다면 11월경 스키 여행 상품이 업데이트되는 시점부터 여행사와 접촉해 일정을 정하는 것이 좋다.

연휴와 상관없이 간다면 그 다음으로 생각해야 하는 것은 모객이다. 아무리 가고 싶은 곳이 있다 하더라도 승객수가 확보되지 않으면 아예 출발을 하지 않는 경우가 흔하다. 대부분 최소출발인원이 4명이기 때문에 일행이 4명 이하라면 다른 사람들이 출발하는 일정을 잘 살펴야 한다. 사람들이 선호하는 유명 스키장을 선택하는 것이 모객에 있어 유리하기도 하다. 단, 홋카이도 스키장의 경우 후라노, 루스츠, 니세코, 토마무 스키장 등은 정기 셔틀버스를 운행하므로 모객과 상관없이 혼자라도 출발 가능하다는 장점이 있다.

일본스키원정의 시기는 1월 말~2월 초가 가장 좋다. 눈이 가장 많이 오는 시기이며 인기가 많지 않은 스키장이라 하더라도 예약자가 많기 때문에 상품이 취소되는 경우가 적다. 국내 스키장을 많이 이용하는 분이라면 국내 스키장이 폐장한 이후인 3월에 가는 것도 나쁘지는 않다. 하지만 그때는 이미 최고의 설질은 지나간 후라는 것을 알고 있어야 한다. 운 나쁜 경우에는 비가 오는 슬픈 일도 발생할 수 있다. 일본의 스키장은 대부분 4월 말 혹은 5월까지 운영한다.

어느 스키장으로 가야 할까?

일단 일본으로 스키보드원정을 떠나기로 마음먹었다면, 언제 어디로 가야 할지를 결정해야 한다. 이때 가장 걸림돌이 되는 것이 바로 비용이다. 아무리 일본스키장이 좋다 해도 예산이 부족하면 어쩔 수 없기 때문이다. 또한 같이 가는 일행의 성향도 중요하다. 아이가 있을 경우에는 료칸에 묵는 것보다 리조트가 낫다. 료칸에서 식사로 나오는 가이세키(일정식)가 아이들 입맛에 잘 맞지 않을 수 있기 때문이다. 관광을 곁들일 것인지 여부도 중요하다.

일단 일본의 스키장이 어디어디에 있는지부터 살펴보자.

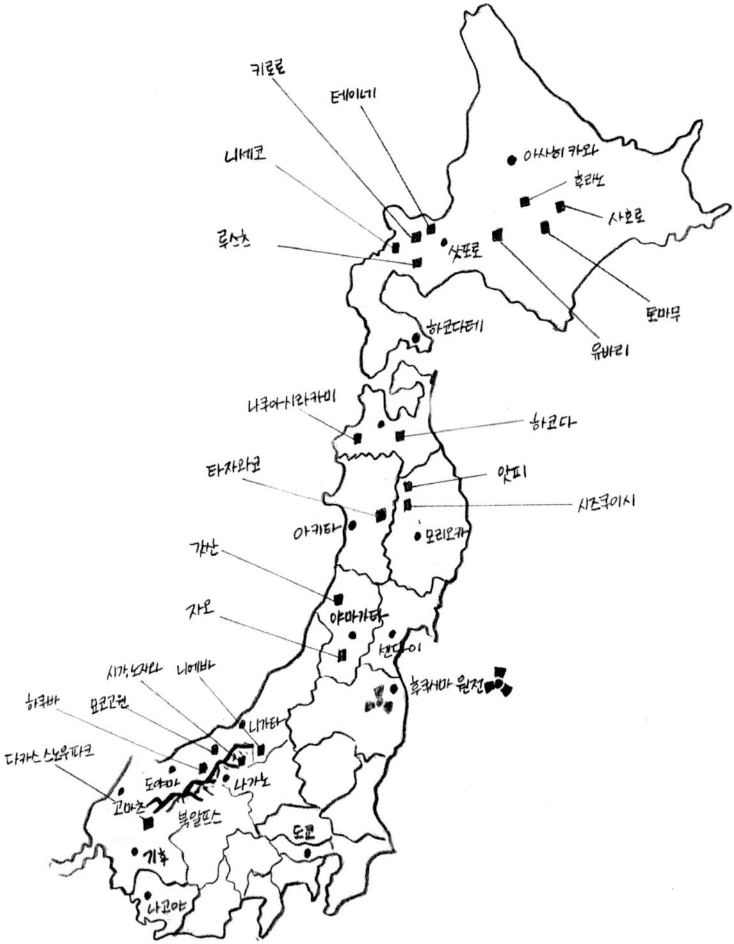

지도에 표시된 스키장이 한국 사람이 많이 찾는 곳이다. 일단 비용문제부터 풀어보자. 일본원정의 비용은 크게 항공료 + 숙박료 + 송영버스비로 구성된다. 리프트권 비용은 숙박료에 포함된 경우도 있고 따로 구입을 해야 할 수도 있다. 항공료의 경우 멀수록 비싸지는 것이 당연하다. 홋카이도 항공권은 상대적으로 가격이 비싼 편이다.

2급 료칸이나 롯지의 경우 숙박료가 비교적 저렴하지만, 리조트는 꽤 부담스러운 가격을 형성하고 있다. 특히 최근 중국 관광객이 늘면서 일본스키장의 숙박비가 전반적으로 상승했다. 루스츠나 토마무, 앗피의 경우 리조트식 스키장이기 때문에 전반적으로 가격이 높지만 그만큼 서비스나 음식, 부대시설 등은 탁월하게 좋으므로 잘 고려해봐야 한다.

1. 예산이 부족하다면?

항공료와 숙박료가 싼 곳으로 가자

▶ 자오, 하쿠바, 나쿠아시카라미, 타자와코

홋카이도 지역의 스키장은 항공료 때문에 가격이 비쌀 수밖에 없다. 앗피 같은 리조트급 숙소를 이용해도 비용이 높아질 수밖에 없다. 특별히 잠자리와 음식에 예민하지 않다면 저렴한 상품을 고르는 것도 좋을 것이다.

2. 혼자 혹은 둘이 떠난다면?

셔틀버스를 항시 운용하는 홋카이도로 가자

▶ 니세코, 루스츠, 후라노, 토마무

4인 이상 모객이 되어야 출발하는 상품이 대부분이므로, 혼자 가는 경우 자칫하면 출발 자체가 불가능하거나 송영비용을 추가로 부담해야 하는 경우가 생긴다. 홋카이도에서는 공항에서 스키장까지 셔틀버스를 항시 운영하므로 혼자 떠나도 모객 여부를 걱정할 필요가 없다.

3. 연인끼리 혹은 아이와 함께 간다면?

올인원 시스템의 리조트로 가자

▶ 루스츠, 후라노, 토마무, 앗피, 사호로

아이들은 일정식을 잘 못 먹을 수도 있으므로 뷔페 형식의 리조트에 가는 것이 안전하다. 만약 까다로운 여자 친구와 함께 간다면 불편한 료칸 생활에 불평을 늘어놓을 수도 있다. 안전하게 리조트급의 스키장을 선택하는 것이 어떨까? 스키를 잘 못 타는 여자 친구나 아이와 함께 간다면 수영장, 오락실, 아이스빌리지 등 볼거리 즐길 거리가 많은 리조트를 선택하는 게 실패할 확률이 낮다. 또한 토마무와 사호로는 클럽메드를 통해 럭셔리 서비스를 받을 수 있으니 가족과 함께라면 고려해볼 만 하다.

4. 온천여행을 겸하고 싶다면?

전통 있는 료칸으로 가자

▶ 타자와코, 자오

대부분의 스키장 숙박시설에 온천과 대욕탕 시설이 완비되어 있지만, 온천여행이라 하면 아무래도 유황 냄새가 가득한 오랜 전통의 료칸 노천탕이 제격 아닐까? 타자와코 상품 중에는 츠루노유 료칸 뉴토 온천에서 숙박할 수 있는 것도 있다. 이병헌과 김태희가 다녀간 온천에 몸을 녹이는 것도 좋을 것이다. 야마가타 자오도 양질의 온천으로 유명하다. 니세코 인근에도 좋은 온천이 많이 있으나 차량 없이는 이동하기 힘든 면이 있다.

5. 관광을 함께하려면?

관광 상품이 곁들여진 곳으로 가자

▶ 앗피, 타자와코, 삿포로, 후라노, 키로로, 카무이

앗피와 타자와코의 경우 아키타 현에서 『아이리스』 촬영지를 돌아볼 수 있다. 홋카이도 스키장의 경우 하루 정도 삿포로에 묵으면서 관광을 할 수도 있다. 키로로 스키장은 영화 『러브레터』의 촬영지인 오타루가 가깝기 때문에 시간을 내서 들려보는 것도 좋다. 삿포로에 1박을 할 예정이라면 삿포로 눈축제 기간을

선택하는 것이 좋지만, 이 시기에는 항공권이나 숙박 예약이 조기에 마감되는 경우가 있으니 미리미리 준비해야 한다. 후라노에서는 비에이 관광을 할 수 있고, 카무이는 아사히카와 시내에서 아사히야마 동물원을 구경하거나 맛집 탐방을 할 수 있다.

6. 방사능의 영향이 적은 곳으로 가고 싶다면?

피해가 상대적으로 많은 관동지역은 피하자

▶ 홋카이도, 시가 고원, 나에바, 묘코 고원(?)

원자력발전소 폭발사고로 인해 일본의 거의 대부분에 방사능 피해가 발생했다. 일본으로 스키 여행을 갈 때 가장 마음에 걸리는 것이 바로 이것이다. 가장 영향을 많이 받은 곳은 관동지역이며, 관서지역은 산맥에 막혀 대기로 인한 방사능의 피해는 상대적으로 덜 받은 것으로 알려져 있다. 홋카이도 일부 지역도 꽤 오염되었으나 스키장 인근은 오염 정도가 덜한 편이라 한다. 다만 정확한 정보가 없고 모두 카더라 수준의 자료들이라 100% 믿을 수 있는 것은 아니다. 원전 사고지역과 먼 홋카이도 지역이 좀 더 안전하지 않을까 싶긴 한데, 진실은 저 너머에….

7. 파우더 오프피스테 라이딩을 원한다면?

야생의 눈을 찾아가보자

▶ 니세코, 루스츠, 카무이, 토마무, 핫코다, 아사히다케

니세코는 오프피스테 파우더 라이딩의 천국이다. 정규 코스 외에도 수많은 오프피스테 루트가 알려져 있으며, 며칠을 돌아다녀도 일본 최대 규모라는 니세코의 모든 것을 즐기기에는 역부족이다. 다만 명성만큼 사람도 많기에 한두 시간만 지나면 버진 파우더를 찾아보기 힘들다는 것이 단점이다.

루스츠는 극상의 설질과 양질의 파우더를 마음껏 즐길 수 있는 곳으로 유명하다. 스키장 내 모든 구역에서 활주가 가능하다.

카무이와 토마무는 규모가 다소 작지만, 스키장 내 대부분의 지역을 마음대로 달릴 수 있다. 핫코다와 아사히다케는 일반 슬로프가 거의 없는 산악스키장으로, 오로지 야생의 눈을 달리기 위해 만들어진 스키장이다. 그만큼 위험도 따르기에 주의가 필요한 곳이다.

오프피스테 라이딩이란?

일반적으로 '스노보드를 탄다'라고 하면 스키장에서 정설된 슬로프 위에서 달리는 것을 뜻한다. 하지만 조금 더 재미있는 라이딩을 위해 슬로프 밖으로 나가는 사람들이 있다. 원칙적으로 국내 스키장에서는 금지되어있는 행위이지만, 외국의 스키장에서는 허용이 되는 곳도 많다. 간단히 용어를 정리해보도록 하겠다.

슬로프(slope)

원래 산비탈이나 경사면을 뜻하는 단어인데, 스키장에서는 스키를 잘 탈 수 있도록 정리가 되어있는 구획을 뜻한다. 국내 스키장에서 스키를 타는 곳은 모두 슬로프라 할 수 있다. 외국에서는 슬로프보다 겔렌데(Gelände)라는 말을 더 많이 쓴다. 또한 피스트(piste)라는 단어도 사용하는데, 이러한 활주코스를 벗어난 곳을 달리는 것을 오프피스트(off-piste) 혹은 오프피스테 라이딩이라 부른다.

오프피스테(off-piste)

오프피스테 라이딩은 상당히 광범위한 의미를 내포한다. 기본적으로 정설된 슬로프 밖으로 나가면 모두 오프피스테 라이딩이라 볼 수 있다.

백컨트리(backcountry)

백컨트리는 원래 오지를 뜻하는 단어이지만, 스키에서는 스키장 범위를 벗어난 곳에서 스키를 타는 것을 뜻한다. 아직 용어가 정립되어 있지 않아 의미가 혼용되기는 하지만, 일반적으로 백컨트리라 하면 리프트나 차량 등의 도움을 받지 않고 산을 직접 걸어 올라가 스키를 타는 것을 뜻한다. 리프트를 타고 일정 높이까지 올라간 다음 조금 더 걸어 올라가 새로운 구역에서 스키를 타는 것을 백컨트리에 포함시키는 경우도 있다.

사이드 컨트리(side-country)

백컨트리가 산을 걸어 올라간 후 내려오는 것이라면, 사이드 컨트리는 리프트를 타고 올라간 시점에서 슬로프가 아닌 스키장 바깥쪽에서 스키를 타는 것을 뜻한다. 백컨트리와의 차이점은 리프트에서 내린 후 '걸어서 이동하느냐'의 유무로 판단하는 경우가 많으나, 명확하게 구분 짓기는 힘들다.

트리런(tree run)

오프피스테 라이딩을 할 때 나무 사이로 스키나 스노보드를 타는 것을 트리런이라 한다. 나무와 부딪히지 않으며 내려가는 스릴과 재미를 느낄 수 있다.

파우더 라이딩(powder riding)

가벼운 가루눈 위에서 스키를 타는 것을 파우더 라이딩이라고 한다. 파우더의 정의는 딱히 정해져있지 않고, 주로 바닥 눈의 딱딱함을 느낄 수 없을 정도로 푹신하고 많은 양의 눈을 파우더라 칭한다. 해외로 스키를 타러 가는 사람들은 대부분 파우더 라이딩의 재미를 느끼기 위해 가는 것이다.

캣 스키(CAT ski)

스키장에서 정설을 하는 차량을 캣(CAT)이라 부르는데, 이 정설차량을 개조해서 스키와 스노보드를 싣고 산을 올라가 스키를 타는 것을 캣 스키라 한다. 백컨트리와 다를 바 없지만 걸어서 올라가는 수고를 덜어준다는 장점이 있다. 경우에 따라서는 캣을 타고 올라간 후 캣이 갈 수 없는 곳으로 더 걸어 올라가 스키를 타는 경우도 있다.

헬리 스키(heli ski)

캣 스키와 마찬가지로 헬리콥터를 타고 올라가서 스키를 타는 것을 말한다. 걸어서 올라갈 수 없는 곳에서 스키를 탈 수 있다는 장점이 있지만, 비용 또한 만만치 않다.

파우더 장비 소개

신설이 무릎까지 쌓여있는 야생의 산에서 스키나 스노보드를 타는 것은 정말 환상적인 경험이다. 물론 일반 알파인 스키나 프리스타일 보드로 파우더를 즐길 수 없는 것은 아니지만, 부력이 약하기 때문에 눈에 파묻히거나 가라앉아 고생을 할 수도 있다. 파우더 라이딩을 조금 더 재미있게 하기 위해 마니아들은 팻스키나 파우더 보드를 사용하기도 한다.

팻스키(fat ski)

일반 스키와 달리 폭이 넓은 스키로 바닥면이 넓은 만큼 부력을 받기 때문에 파우더를 타기 쉽다. 다만 정설된 눈에서는 엣지 체인지가 불리하다는 단점이 있다.

파우더 보드(powder snowboard)

프리스타일 보드보다 앞쪽 노즈가 높게 들려있어 눈에 가라앉지 않도록 하며, 무게중심이 뒤쪽으로 잡혀있어 후경을 주기에 편하게 되어있다. 테일 쪽이 제비꼬리모양(swallowtail)으로 되어있는 것도 있다.

스노슈즈(snowshoes)

바닥이 넓어 눈에 빠지지 않고 걸을 수 있게 해주는 덧신이라 생각하면 된다. 스노슈즈를 신지 않으면 허벅지까지 푹푹 박히는 심설에서는 체력소모가 심하기 때문에, 스노보더의 경우 백컨트리에 있어 필수적인 장비다. 우리 말로는 설피라 부른다.

클라이밍 스킨(climbing skin)

스키 플레이트 바닥에 덧대어 사용하는 것으로, 눈에서 미끄러지지 않도록 하여, 스키를 신은 채 산을 오를 수 있게 도와주는 장비다. 간단하게 스킨이라 부르기도 한다. 스킨 바닥의 털이 한쪽 방향으로 나 있어서, 올라갈 때는 마찰력이 적고 뒤로 미끄러질 때는 털이 난 방향 때문에 마찰력이 생겨 미끄러지지 않는다. 초창기에는 물개 가죽(seal skin)으로 클라이밍 스킨을 만들었다고 한다.

백컨트리 장비

백컨트리는 자칫 눈사태를 만나거나 길을 잃는 등 위험에 빠질 가능성이 있는 만큼 준비를 철저히 해야 한다. 스노슈즈나 스킨을 준비하는 것은 물론, 사고 발생 시 생명을 유지하고 동료를 구출하기 위한 장비를 갖춰야 한다. 기본적으로 본인의 위치를 알려줄 수 있는 비콘이 꼭 필요하다. 그 외에 눈에 파묻힌 동료를 찾기 위해 탐침봉과 눈삽이 필요하고, 눈사태 시 호흡을 도와줄 수 있는 아발룽도 필요하다.

파우더 라이딩의 기본자세

정설 슬로프를 아무리 잘 타는 사람이라 해도 허벅지까지 빠지는 오프피스테 라이딩을 처음 경험하게 되면 당황하게 마련이다. 눈이 가볍기 때문에 보드와 몸이 가라앉게 되는데, 평소와 같은 자세로 라이딩을 하다 보면 노즈가 눈에 걸려 넘어지기 십상이다. 슬로프의 라이딩과 파우더 라이딩은 전혀 다르다고 볼 수 있다.

특히 오프피스테 라이딩의 경우 돌발 상황이 많이 나타나기 때문에 어떠한 정형화된 라이딩 방식이 존재할 수 없다. 나 역시 여전히 넘어지고 처박히는 것이 일상인 하수 파우더 라이더지만, 고수들의 이야기를 들어보면 파우더에서는 이런 점들이 중요하다고 하니 파우더에 익숙하지 않은 분들이라면 한번쯤 읽어봐도 좋을 것 같다.

1. 후경자세

후경자세란 몸이 뒤로 빠지는 자세인데, 스노보드를 처음 배울 때에는 잘못된 자세로 지적받는 경우가 많다. 그러나 파우더 라이딩에서는 후경자세가 매우 중요하다. 일반적인 중립자세에서는 노즈가 눈에 걸리기 쉽기 때문에 무게중심을 뒤로 주어 노즈가 들리도록 하는 것이 중요하다. 이때 주의할 점은, 상체가 너무 뒤쪽으로 가면 스노보드를 컨트롤하기 힘들기 때문에 상체를 젖히지 않도록 해야 한다는 것이다.

평소 스노보드를 탈 때 사용하는 중립자세. 이 상태에서는 노즈가 파우더에 걸리기 쉽다.

따라서 이렇게 체중을 뒤로 옮겨 노즈가 들리도록 하는 것이 중요하다. 이 자세가 바로 파우더 라이딩의 기본이 되는 후경 자세다.

이때 주의할 점은, 상체가 너무 뒤로 넘어가지 말아야 한다는 것이다. 몸을 뒤로 젖히게 되면 무게중심이 흐트러지면서 스노보드를 컨트롤할 수 없게 된다.

2. 엣지가 아닌 베이스로

정설 슬로프에서는 베이스로 타다가 역엣지에 걸려 넘어지기 쉽기 때문에 항상 엣지를 세우는 경향이 있는데, 파우더 눈은 너무 가벼워서 엣지를 잡아주지 못할 때가 많다. 버릇처럼 엣지를 박다 보면 그대로 눈에 처박혀 넘어지는 자신을 볼 수 있을 것이다. 물론 턴을 하거나 상황에 따라 엣지를 사용해야 할 때도 있지만, 파우더에서는 기본적으로 서핑을 하듯이 베이스를 중심으로 하여 균형을 잘 잡는 것이 중요하다.

3. 무게중심은 낮게

오프피스테 라이딩의 경우 정설된 슬로프처럼 잘 정돈된 곳이 아닌 변화무쌍한 야생의 산을 타는 것이기에 중심을 잘 잡는 것이 중요하다. 무게중심이 높을 경우 빠른 대처를 하기 힘들기에 무릎을 굽혀 낮은 자세를 잡아야 한다.

4. 파우더에서 일어나기

허벅지까지 푹푹 쌓이는 눈에서는 일어나는 것조차 힘들다. 왜냐면 일어나려 하는 순간 스노보드가 눈 속으로 푹 박혀버리기 때문이다. 어느 정도 경험이 쌓이면 쉽게 일어날 수 있지만, 도저히 못 일어나겠다면 몇 가지 방법을 사용해보는 것이 좋다. 첫 번째. 스노보드로 바닥의 눈을 다져 딱딱하게 만든 후에 일어난다. 두 번째, 차라리 자세를 바꾸어 토(toe) 자세로 일어난다. 세 번째, 그대로 드러누워 몇 번 바닥에 뒹군다. 몸으로 압설을 해 일어나는 방법이다.